国家自然科学基金项目（42207534，U21A20108）资助
煤炭开采水资源保护与利用国家重点实验室开放基金项目（WPUKFJJ2019-20）资助

近水平煤层高强度开采覆岩及地表偏态沉陷机理及预测

闫伟涛　陈俊杰　谭毅 / 著

中国矿业大学出版社
· 徐州 ·

内容提要

本书基于近水平煤层高强度开采沉陷研究背景和现状，总结现有近水平煤层开采沉陷相关理论，从工作面和矿区两种尺度深入研究了近水平煤层高强度开采的沉陷规律，采用实验室模拟方法对近水平煤层高强度开采的沉陷机理进行了揭示，从理论角度阐释了近水平煤层高强度开采条件下覆岩和地表的偏态沉陷机理，还构建了符合偏态沉陷特征的时空域沉陷预测模型，并结合实例对沉陷预测模型进行了验证。

本书可供测绘、采矿、生态、环境等相关领域的高等院校师生以及企业科研人员和现场工程技术人员参考。

图书在版编目(CIP)数据

近水平煤层高强度开采覆岩及地表偏态沉陷机理及预测 / 闫伟涛，陈俊杰，谭毅著. —徐州 ：中国矿业大学出版社，2023.3

ISBN 978-7-5646-5771-0

Ⅰ. ①近… Ⅱ. ①闫… ②陈… ③谭… Ⅲ. ①煤矿开采—地面沉降—研究 Ⅳ. ①TD327

中国国家版本馆 CIP 数据核字(2023)第 047811 号

书　　名　近水平煤层高强度开采覆岩及地表偏态沉陷机理及预测

著　　者　闫伟涛　陈俊杰　谭　毅

责任编辑　潘俊成

出版发行　中国矿业大学出版社有限责任公司

（江苏省徐州市解放南路　邮编 221008）

营销热线　(0516)83885370　83884103

出版服务　(0516)83885789　83884920

网　　址　http://www.cumtp.com　**E-mail**:cumtpvip@cumtp.com

印　　刷　徐州中矿大印发科技有限公司

开　　本　787 mm×1092 mm　1/16　**印张** 6.75　**字数** 173 千字

版次印次　2023 年 3 月第 1 版　2023 年 3 月第 1 次印刷

定　　价　40.00 元

前　言

随着煤炭科技的进步及大型成套装备的推广使用，神府东胜等黄河流域众多矿区已形成高强度、高效率的地下近水平煤层开采模式。煤炭资源被规模化持续高强度开采后产生了大范围的采煤塌陷区。采煤塌陷区内覆岩破断、地表塌陷，次生灾害横生，致使原有矿区人居环境系统受到严重的破坏，矿区可持续发展问题日益突出，严重影响了矿区生态文明建设进程。

2019 年 9 月，“黄河流域生态保护与高质量发展”重大国家战略出台，强调“坚持生态优先、绿色发展”。为推动“绿水青山就是金山银山”发展理念的有效实施，必须对采煤塌陷区进行精准修复和有效治理，实现黄河流域煤炭资源的绿色生态开采。因此，如何在保护生态的前提下，最大限度开发煤炭资源，成为推动黄河流域生态脆弱矿区煤炭生产与生态环境保护协调发展，助力“黄河流域生态保护与高质量发展”重大国家战略顺利实施的重大现实需求。应对这一重大现实需求的重要途径是实施地表采动损害防治技术，有效实施地表采动损害防治技术的基础与关键在于科学认识近水平煤层高强度开采条件下覆岩及地表的沉陷机理，准确掌握近水平煤层高强度开采条件下地表沉陷的预测方法，这是本书的重点研究内容。

本书融合采矿工程、测绘科学与技术、开采沉陷、工程地质和岩石力学等学科的理论，综合采用现场观测、实验室模拟、理论研究等方法和手段，探讨了近水平煤层高强度开采条件下覆岩及地表剧烈移动规律，揭示了近水平煤层高强度开采条件下覆岩与地表的偏态沉陷机理，构建了符合近水平煤层高强度开采岩移特征的时空域地表沉陷预测模型。

全书共分 8 章。第 1 章介绍了研究的背景与意义、国内外研究现状、研究目标与内容等，第 2 章对现有近水平煤层开采沉陷相关理论进行了总结，第 3 章从工作面和矿区两种尺度对近水平煤层高强度开采条件下的沉陷规律进行了深入研究，第 4 章采用实验室模拟方法对近水平煤层高强度开采的沉陷机理进行了揭示，第 5 章从理论上阐释了近水平煤层高强度开采条件下覆岩和地表的偏态沉陷机理，第6章构建了符合偏态沉陷特征的时空域沉陷预测模型，第7章结合实例对沉陷预测模型进行了验证，第8章总结了本书研究的主要结论。

本书由河南理工大学和煤炭安全生产与清洁高效利用省部共建协同创新中心的闫伟涛、陈俊杰、谭毅共同撰写。撰写分工是：第1章由陈俊杰和谭毅共同撰写，第2章至第3章由陈俊杰和闫伟涛共同撰写，第4章至第8章主要由闫伟涛撰写，全书由闫伟涛统稿。研究生姚建平、耿帅康、赵春苏、韩建坤、陈治宇和高广昌等在外业观测、室内实验、数据处理等方面做了大量工作。

本书得到了国家自然科学基金青年科学基金项目[超大工作面高强度开采地表动态形变机理及预测(42207534)]、国家自然科学基金区域创新发展联合基金重点项目[中原矿粮复合区采煤沉陷规律及耕地损毁驱动机制(U21A20108)]和煤炭开采水资源保护与利用国家重点实验室开放基金[基于采动承载结构演变规律的神东矿区地表损伤评价模型研究(WPUKFJJ2019-20)]的资助。同时，河南理工大学测绘与国土信息工程学院、能源科学与工程学院的专家同仁给予了指导，并就本书研究内容和成果完善总结等提出了宝贵的意见和建议。在此一并向他们表示衷心的感谢！

此外，本书中还引用了许多专家学者和工程技术人员发表的文献，在此对所引文献的作者表示由衷的谢意。

由于水平所限，书中难免存在不妥之处，敬请读者批评指正。

著　者

2022年12月

目　录

第1章 绪 论

能源资源赋存特点决定了煤炭的基础性地位，煤炭是能源安全保障的“压舱石”“稳定器”。在我国已探明的一次能源资源储量中，油气等资源占比约为6%，而煤炭占比约为94%[1]。21世纪以来，煤炭在我国一次能源结构中的占比同比虽然有所减少，但仍占据主导地位，对我国国民经济的发展仍然发挥至关重要的作用[2-3]。大量地下煤炭资源的开采必导致大范围的覆岩移动和地表沉陷，对矿区原有生态环境和地表建(构)筑物造成大的扰动和损坏[4-5]，如矿粮复合区内粮食的减产乃至绝收、矿区生活用水的水位下降乃至干涸、村庄房屋的损坏乃至坍塌等，会给矿区人民的正常生活及可持续发展带来一系列破坏性的影响[6-13]。因此，对矿山开采沉陷规律进行总结、对矿山开采沉陷预测方法进行研究具有很好的现实应用意义。

矿山开采沉陷学作为一门多学科融合的交叉性工程实用学科，以采矿、地质、力学、测绘、建筑等主干学科的知识为理论支撑，主要对地下资源开采引起的岩层和地表移动变形规律及其相关问题进行研究[14]。矿山开采沉陷涉及采厚、采深、采宽、煤层倾角、松散层厚度、覆岩岩性、开采方法、回采速度、顶板管理方法等十几个地质采矿条件因素[14-15]，研究过程复杂，地表沉陷和地质采矿条件之间的关系尚不清晰，地表沉陷规律尚不明确，地表沉陷预测尚需进一步研究。

迄今，大部分现有研究认为在水平和近水平煤层开采条件下，上覆岩层、松散层及地表移动变形均呈现对称特点，关于采空区中心线左右对称[5]。但是在实际工程案例中发现，对于静态沉陷，停采线侧和开切眼侧沉陷分布差异较大，形态并不对称，各种参数差异较大；对于动态沉陷，以工作面推进位置附近为例，煤柱侧和采空区侧的曲线也非对称或反对称[16-19]。这一发现与传统理论认知有所偏差。

为此，首先，本书从实测、理论和模拟三个方面、时间和空间两个维度对水平和近水平煤层开采条件下的覆岩和地表移动变形进行分析研究；其次，采用几何函数从时间维度和空间维度上对地表动态沉陷预测模型进行深入研究；最后，进行研究成果的相应工程验证。本研究可丰富现有的沉陷理论技术体系，为精准沉陷预测提供理论技术支持。

1.1 开采沉陷国内外研究现状

1.1.1 开采沉陷理论的发展历程

早在15世纪初，英国法院就有开采沉陷民事赔偿方面的记载。到19世纪，各国学者在日常工程实践中已经对开采沉陷提出了初步的认识，此阶段的主要开采沉陷理论有：比利时的“垂线理论”(1825年，1839年)、Gonot的“法线理论”(1858年)、Jicinsky的“二等分线理论”(1876年)及“无损采深概念”(1884年)、Oesterr的“自然斜面理论”(1882年)、Fayol的

“圆拱形理论”(1885 年)。该时期,各国学者对沉陷的研究处于理论探索阶段。

到了 20 世纪初期,各国学者对沉陷的研究则转入实测规律研究阶段。各国学者开始对开采沉陷区的覆岩和地表移动变形进行系统的观测,并总结分析规律。Korten 于 1907 年根据自己的观测成果,提出了基于沉陷区地表水平移动和水平变形的空间分布规律;Schultz等通过采煤区实测资料对地表移动过程及时间进行了分析,初步得出了移动时间与采深、覆岩岩性、开采方法等地质采矿因素之间的关系;苏联学者通过对顿涅茨煤田观测数据的分析发现,在新采空区的影响下,邻近的老旧采空区存在二次“活化”的问题;H. Keinhorst于 1925 年指出地表点的移动是各地下开采单元采动影响叠加的结果;同一时期,学者们发现了地表点的移动规律、采动的超前影响特征、下沉速度的周期性特征,并绘出了地表移动盆地移动的等值线图。

第二次世界大战后至今,随着科技突飞猛进的发展,开采沉陷理论取得了不错的成绩。R. Bals 于 2015 年假设采动影响符合牛顿万有引力定律,结合叠加原理和积分计算,发展出了 Keinhorst 理论。这一阶段各国学者对沉陷的研究转入沉陷预测方法的建立以及特殊开采的工程实践。这一时期的主要成就为:依据发源于波兰的随机介质理论,经刘宝琛院士和廖国华教授演绎产生的概率积分法[20-21];开采沉陷理论在“三下一上”采煤中的工程实践应用[22-25]。

1.1.2 开采沉陷的主要研究手段

(1) 实测分析

按照规范要求,在采煤沉陷区的上方覆岩或地表建立岩移观测站,使用具有一定精度的测量仪器,按照规定时间间隔进行观测,获得实地观测资料。通过对实测资料的分析,求取覆岩或地表的各种移动变形参数,获取覆岩或地表的动态和静态移动变形规律[26-27]。

(2) 理论分析

理论分析主要为力学理论分析。假设覆岩移动符合某种力学理论,然后采用该力学理论的本构方程,结合覆岩移动规律,利用力学平衡条件、变形协调条件和边界条件等建立覆岩移动力学分析模型[28]。以此模型来从理论上分析开采沉陷覆岩及地表的移动变形规律及其沉陷机理。常用的力学分析理论有弹性力学理论[29-30]、弹塑性力学理论[31-32]、黏弹性力学理论[33-36]、断裂损伤力学理论[37-38]等。

(3) 模拟分析

模拟分析主要有数值模拟分析和相似模拟分析两大类。数值模拟分析主要采用计算机软件,选用不同的力学计算方法和岩层破坏准则,来对开采沉陷覆岩及地表的移动变形规律及沉陷机理进行分析,常用的力学计算方法有有限元法、有限差分法、离散元法等,常用的岩层破坏准则有莫尔-库仑定律等[39-42]。而相似模拟分析则根据相似原理,按一定尺寸比将上覆岩层尺寸缩小,依据以一定配比配成的相似材料制作模型。待模型晾干后,按照时间比和尺寸比模拟煤层开挖。开采过程中采用具有一定精度的测量仪器进行观测,然后分析数据,获得覆岩及地表的动静态移动变形规律[43-47]。

1.1.3 开采沉陷覆岩及地表移动规律

在覆岩移动方面,自 20 世纪 60 年代开始,德国、波兰、苏联、英国和中国等多个国家对岩层移动规律进行了实测研究。如苏联采用垂球、同位素子弹等手段在哈伦姆巴煤矿等矿区对岩体内部移动变形情况进行了实测，并绘制了岩移等值线；中国在12个省份的45个煤矿通过钻孔施工，采用钻孔电视法、钻孔深部测点法等手段，对16种地质采矿类型的130个工作面采后覆岩的破坏情况进行观测。通过分析观测结果，将覆岩划分为垮落带、裂缝带和弯曲下沉带等3个不同的采动影响带，并给出了不同煤层倾角下的“三带”高度和形态的发育规律[4,48-50]；随着科技的发展，地质雷达、电磁波CT和瞬变电磁法等现代测量手段逐渐被用于探测覆岩裂隙及覆岩“三带”发育规律[51-54]。

在地表移动方面，随着科技的发展，测量仪器和测量技术的日新月异，地表移动观测手段逐渐丰富起来。在传统测量方面，高程测量主要采用水准仪，平面测量主要采用全站仪或GPS。在现代测量方面，测量技术主要有地面三维激光扫描[55-59]、SAR[60-61]、DInsar[62-65]、PSInsar[66-67]、无人机航测[68-69]、数字近景摄影测量[70-71]等。

不同地质采矿条件下开采的覆岩及地表移动规律各异，为此，很多学者针对某一特定地质采矿条件下开采的沉陷规律进行了深入的研究与总结。如何万龙和康建荣等对山区开采覆岩及地表移动规律进行了深入研究[72-75]；戴华阳和来兴平等对急倾斜煤层开采覆岩及地表移动变形规律进行了研究[76-79]；汤伏全、余学义和郭文兵等对黄土覆盖矿区的采动影响规律进行了分析[80-83]；滕永海等对综放和综采条件下的覆岩及地表移动变形特征进行了分析[84-85]；胡炳南、郭广礼、张吉雄等对充填开采下的覆岩及地表移动变形特征进行了总结分析[86-89]；邓喀中等对条带开采的采动影响进行了分析[90-92]。

1.1.4　开采沉陷预测方法研究现状

开采沉陷预测是开采沉陷学研究的一项重要内容，国内外很多学者对其进行了深入的研究，取得了丰硕的成果。目前，开采沉陷预测方法主要可分为剖面函数法、影响函数法、理论预计方法等三种。

(1) 剖面函数法

剖面函数法根据实测资料凭经验选取函数形式[5,93]，因此，剖面函数法又叫经验公式法。剖面函数法预计精度高，但仅适用于相同或相似采矿地质条件下矩形工作面开采的地表移动变形预计[4]。常用的剖面函数主要有典型曲线、负指数函数、误差函数[94]、韦布尔分布函数[95]、三角函数、双曲函数、玻尔兹曼函数[96]、S型生长曲线函数等。

(2) 影响函数法

影响函数法首先确定单个微小开采单元的采动影响，然后假设地表点的总移动变形量为所有单元采动影响的总和，最后基于叠加原理计算出整个工作面开采引起的地表点的移动变形量[5]。目前常用的影响函数法主要有概率积分法、概率密度积分法[97]、矢量预计法[98]、二维n-k及三维n-g-k影响函数预计法[99-100]等。

(3) 理论预计方法

理论预计方法又叫力学类预计方法，其主要根据岩层特征，将覆岩假设为连续介质力学模型或非连续介质力学模型，然后选用合适的力学理论，设置模型的力学平衡条件、边界条件等来分析岩层的移动变形规律。覆岩通常被视为连续介质力学模型，选用黏弹性、黏塑性、弹塑性、弹性、塑性、断裂、损伤、材料力学等理论演绎出覆岩及地表的移动变形方程，从而分析覆岩和地表的移动变形规律及其沉陷力学机理。目前的主要成果有刘宝琛的黏弹性力学模型[34]、张玉卓的岩层位错理论[101]、钱鸣高的关键层理论[102]、宋振骐的传递岩梁理论[103]、吴立新的托板理论[104]、邹友峰的三维层状介质理论[105]等。

1.2 近水平煤层高强度开采覆岩及地表沉陷研究现状

针对近水平煤层高强度开采沉陷，目前很多科研院所在实测资料、理论分析、实验分析等方面开展了相关研究，做了大量的工作，并取得了一些具有重要实践意义的研究成果，主要集中于以下几个方面：

① 覆岩和地表移动规律研究：与一般工作面开采沉陷规律对比，通过分析实测资料发现，高强度开采覆岩破断严重，地表非连续变形发育充分[106-107]。高强度开采上覆岩层中“三带”发育不完全，只存在垮落带和裂缝带；地表易出现塌陷坑、塌陷型裂缝和拉伸型裂缝等非连续变形及灾害；地表受采动影响剧烈，下沉速度快；受采动影响周期短，地表点起始期很短，很快就进入活跃期[44,108-109]。

② 开采沉陷机理研究：刘辉等运用基于薄板理论的基本顶“O-X”形破断原理和关键层理论，并以地裂缝分类统计为基础，分析了塌陷型裂缝的形成机理及动态发育规律[110]；杨登峰发现高强度开采，在快速推进和超大工作面的条件下，开采过程中煤层顶板不易形成和维持“砌体梁”式平衡结构，采空区顶板易沿煤壁全厚切落，并产生台阶型下沉[111]；伊茂森采用关键层理论对神东矿区单一关键层结构的破断失稳特征及机理进行了解释，并给出了浅埋关键层结构的参数[112]；范钢伟等采用关键层理论，建立了西部矿区高强度开采覆岩移动形式的判别体系，并据此揭示了高强度开采保水开采机理[113]。

③ 开采沉陷预测研究[114-117]：高强度开采引起上覆岩层中只出现垮落带、裂缝带两种采动影响区，其岩层移动类型为典型的“两带”模式。但在实践中，常采用传统“三带”模式下的静态沉陷方法（如概率积分法）来解决高强度开采地表沉陷相关问题，解决效果难达期许。

1.3 存在的问题

综上所述，在实测分析、模拟研究、理论推导等方面，矿区覆岩破坏和地表移动变形规律的研究取得了丰富的成果。但在近水平煤层高强度开采沉陷规律及沉陷预测等方面仍有不足，主要体现在以下两个方面：

① 对地表移动规律的分析仅局限于单一工作面，且实测资料仅用于求取和预计角度参数，未能从时空角度分析近水平煤层高强度开采地表的剧烈移动变形规律。

② 目前关于近水平煤层高强度开采的沉陷预计，已建立了很多模型。但大部分都是基于岩移对称思路建立的，未建立符合近水平煤层高强度开采条件下覆岩偏态沉陷特征的地表沉陷预计方法。

通过以上分析可知，近水平煤层高强度开采沉陷规律的研究具有较多不完善之处，需要对近水平煤层高强度开采覆岩破坏及地表移动变形规律及预测模型重新进行系统的研究。

1.4 主要研究内容

为分析近水平煤层高强度开采覆岩破坏与地表移动变形规律，需揭示基岩和松散层的采动响应特征，结合现场实测资料，确定移动变形规律与地质采矿条件之间的关系，从而建立覆岩与地表的沉陷预计模型。为此，本书以神东矿区为例，从以下几个方面进行研究：

(1) 地表沉陷实测规律分析

通过搜集神东矿区近水平煤层高强度开采工作面的地质采矿条件，获取相关工作面的动静态移动变形参数信息，从工作面和矿区两种尺度上分析地表沉陷规律。

① 通过对比一般工作面的沉陷规律，分析总结近水平煤层高强度开采地表动静态移动变形规律的特殊性。

② 选取某一具有代表性的移动剧烈的工作面及其地表点的移动变形信息，分析近水平煤层高强度开采条件下地表剧烈移动的时空分布特征。

③ 对矿区内多个工作面进行综合分析，得出矿区尺度中各岩移参数与地质采矿因素的内在联系。

(2) 近水平煤层高强度开采地表沉陷机理研究

依据神东矿区采矿地质条件，以相似材料模拟为主、理论分析为辅，揭示近水平煤层高强度开采覆岩“错端叠梁”区和“破断岩块堆压”区的采动响应特征：

① 依据神东矿区采矿地质条件，建立相似材料模型，对近水平煤层高强度开采覆岩“错端叠梁”区和“破断岩块堆压”区的破坏规律及破坏机理进行揭示；

② 采用理论分析等手段，确定近水平煤层高强度开采覆岩位移边界形状。

(3) 近水平煤层高强度开采地表偏态沉陷特征理论分析

根据开尔文流变理论分析岩层内动静态偏态沉陷特征。

① 动态上，在某一工作面推进位置，分析采空区侧和煤柱侧下沉速度曲线的偏态性；

② 静态上，对工作面停采线侧和开切眼侧的沉陷曲线进行偏态性分析。

(4) 符合偏态沉陷特征的地表沉陷预测模型建立

根据近水平煤层高强度开采条件下的右偏偏态沉陷特征和归一性两大特征，选用对数正态分布函数分别建立符合岩层移动特征的时空域沉陷预测模型。

本书共有八章，各章主要内容如下：

第1章：对书的研究背景和意义、选题的国内外研究现状以及目前存在的问题进行了综合分析叙述，并有针对性地提出了主要研究内容。

第2章：对目前传统的近水平煤层开采沉陷理论进行总结归纳。

第3章：搜集神东矿区近水平煤层高强度开采工作面相关资料信息，通过对比一般地质条件开采沉陷规律，总结矿区近水平煤层高强度开采地表移动变形规律的特殊性，并揭示该特殊性与地质采矿条件之间的关系。从工作面和矿区两种尺度上分析得出近水平煤层高强度开采的地表沉陷规律。

第4章：依据哈拉沟煤矿22402和22407工作面地质采矿条件，建立了两台相似模型。模型一模拟砂质松散层近水平煤层高强度开采，模型二模拟黏质松散层近水平煤层高强度开采。首先，对砂质和黏质松散层的成拱性进行了理论分析。其次，结合模型试验结果，揭示了砂质松散层模型和黏质松散层模型的覆岩动态平衡结构发育过程，以及基岩和松散层对采动的响应特征。根据基岩的破坏程度，将基岩进行横向分区，对各分区内岩层破坏的竖向发育规律进行了分析。最后，结合模拟试验揭示了地表沉陷机理。

第5章：基于开尔文流变理论，分别从地表沉陷的空间维度、时间维度和边界形态三个方面对近水平煤层高强度开采的偏态性进行理论分析研究。

第 6 章:根据近水平煤层高强度开采条件下覆岩和地表的时空域偏态沉陷特征,选用符合该特征的对数正态分布函数分别建立对应的时空域偏态沉陷预测模型。

第 7 章:以哈拉沟煤矿 22407 工作面等为例,依据工作面的地质采矿条件,对沉陷预测模型进行了实际工程应用,然后将沉陷预测值与实测数据进行对比分析,检验了模型的可行性。

第 8 章:对本书进行了总结。

1.5 本章小结

相对一般地质采矿条件,近水平煤层高强度开采覆岩与地表移动变形规律的研究尚不充分。在分析研究现状、找出问题的基础上,提出了本书的主要研究内容,给出了本书的研究技术路线,并对本书各章节内容进行了简要叙述。

第 2 章　近水平煤层开采沉陷机理及相关传统理论

2.1　近水平煤层开采岩层移动和破坏规律

2.1.1　岩层移动和破坏的过程

由于工作面的推进，当地下煤层被开采后，采空区周围原有的应力平衡受到破坏，应力重新分布，采空区边界煤柱及其上、下方的岩层内应力增高，其应力大于采前的正常压力，从而使该区煤柱和岩层被压缩，有时被压碎，挤向采空区。而采空区的顶板岩层内应力降低，其应力小于采前的正常压力，这使该区岩层产生回弹变形；顶板上部岩层由于受下部岩层移向采空区的影响，可能在顶板岩层内形成离层。

随着工作面的推进，受到采动影响的上覆岩层范围不断扩大，采空区的直接顶在自重力及其上覆岩层的作用下，产生向下的移动和弯曲。当其内部应力超过岩层的极限抗拉强度时，直接顶首先断裂、破碎，相继垮落，而基本顶则以梁、悬臂梁弯曲的形式沿层理面法线方向移动、弯曲，进而产生断裂、离层。随着工作面继续推进，上覆岩层继续产生移动和破坏。这一过程和现象称为岩层移动。

2.1.2　岩层移动和破坏的形式

在岩层移动过程中，采空区周围岩层的移动和破坏形式主要有以下几种：

(1) 垮落

垮落是岩层移动过程中最剧烈的形式，通常只发生在采空区直接顶中。当煤层被开采后，采空区附近上方岩层弯曲而产生拉伸变形。当拉伸变形超过岩层的允许抗拉强度时，岩层破碎成大小不一的岩块，无规律地充填在采空区。此时，岩体体积增大，岩层不再保持其原有的层状结构。

(2) 弯曲

弯曲是岩层移动的主要形式。当地下煤层被开采后，从直接顶开始岩层整体沿层面法线方向弯曲，直到地表。此时，有的岩层可能会出现断裂或大小不一的裂隙，但不产生脱落，保持层状结构。

(3) 煤的挤出

采空区边界煤层在上覆岩层强大的压力作用下，部分煤体被压碎挤向采空区，这种现象称为煤的挤出(又称片帮)。由于增压区的存在，煤层顶底板在围岩压力作用下产生竖向压缩，从而使采空区边界以外的上覆岩层和地表产生移动。

(4) 岩石沿层面的滑移

在开采倾斜煤层时，岩石在自重的作用下，除产生沿层面法线方向的弯曲外，还会产生沿层面方向的滑动。岩层倾角越大，岩层沿层面滑移越明显。沿层面滑移的结果，使采空区上山方向的部分岩层受拉伸甚至剪断，而下山方向的部分岩层受压缩。

(5) 岩石的下滑

当煤层倾角较大，而且开采以自上而下顺序进行，下山部分煤层继续开采而形成新的采空区时，采空区上部垮落的岩石可能下滑而充填新采空区，这种现象称为岩石的下滑(又称岩石的滚动)。这使采空区上部的空间增大，下部空间减小，使位于采空区上山部分的岩层移动加剧，而下山部分的岩层移动减弱。

(6) 底板的隆起

当底板岩层较软且倾角较大时，在煤层采出后，底板在垂直方向减压，水平方向受压，导致底板向采空区方向隆起。

在某一个具体的岩层破坏和移动过程中，以上六种移动形式不一定同时出现。另外，松散层的移动形式是垂直弯曲，不受煤层倾角的影响。在水平煤层条件下，基岩和松散层的移动形式是一致的。

2.1.3 岩层移动和破坏的分带

实测资料分析表明，上覆岩层移动稳定后，其移动、变形和破坏具有明显的分带性。采用长壁垮落采煤法，开采深度和开采厚度的比值较大时，上覆岩层移动和破坏稳定后，大致形成三个不同的开采影响带，即垮落带、裂缝带、弯曲下沉带，如图 2-1 所示。

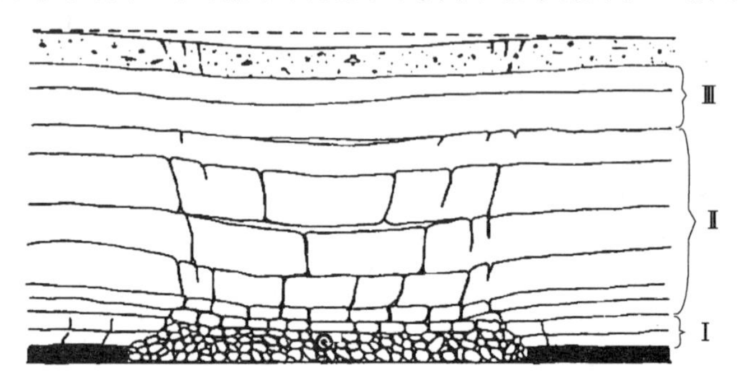

Ⅰ—垮落带；Ⅱ—裂缝带；Ⅲ—弯曲下沉带。

图 2-1　采空区上覆岩层移动和破坏分带

(1) 垮落带

垮落带是指由煤层开采引起的上覆岩层破裂并向采空区垮落的那部分岩层。垮落带内岩层移动和破坏的特点包括：

① 在垮落带内，从煤层往上岩层破碎程度逐步减小。

② 岩石具有的碎胀性能使上覆岩层垮落自行停止。岩石的碎胀性取决于岩石强度，硬岩碎胀性较大，软岩碎胀性较小。

③ 垮落岩块间的空隙随着时间的增长和工作面长度的加大，在上覆岩层压力作用下，在一定程度上可得到压实；通常稳定时间越长，工作面开采范围越大，其压实性越好。

④ 垮落带内的岩块间空隙较大，有利于水、砂、泥土通过。

⑤ 垮落带高度主要取决于开采厚度和上覆岩层的碎胀性。通常开采厚度越大，上覆岩层碎胀性越小，垮落带高度越大。

（2）裂缝带

裂缝带是指在采空区上覆岩层中产生裂缝、离层及断裂，但仍保持层状结构的那部分岩层。裂缝带位于垮落带和弯曲下沉带之间。裂缝带内岩层移动和破坏的特点有：

① 裂缝带内的岩层不仅发生垂直于层理面的裂缝或断裂，而且还产生顺层理面的离层裂缝。

② 裂缝带内的岩层具有连通性，容易导水和积水。

③ 裂缝带内的岩层一般情况下距离采空区越远，破坏程度越小。

④ 裂缝带高度随着工作面推进距离的增加而增大，当工作面推进一定距离时，裂缝带的高度达到最大。之后，裂缝带高度基本上不再发展。

⑤ 岩石越坚硬，裂缝带高度越大。

（3）弯曲下沉带

弯曲下沉带指的是裂缝带顶部直至地表的那部分岩层。弯曲下沉带内岩层移动和破坏的特点有：

① 弯曲下沉带内岩层移动过程连续而有规律，并保持整体性和层状结构。

② 弯曲下沉带内岩层在自重的作用下沿层面法向弯曲，在水平方向处于双向受压缩状态。

③ 弯曲下沉带内各部分岩层在竖直方向上的移动量相差很小，其上部不存在或极少存在离层裂缝。

④ 弯曲下沉带一般情况下具有隔水性。特别是当隔水层岩性较软时，其隔水性能更好，成为水下开采时的良好保护层。

⑤ 弯曲下沉带的高度主要受开采深度的影响，当开采深度较小时，裂缝带顶部可直达地表。

“三带”在水平或缓倾斜煤层开采时表现比较明显，由于地质采矿条件的不同，覆岩中的“三带”不一定同时存在。

2.2　地表下沉盆地的特征

2.2.1　地表移动和破坏的形式

当采空区上覆岩层移动发展到地表，地表便会产生移动和破坏。对于不同的地质采矿条件，地表移动和破坏的形式是不相同的。

（1）地表下沉盆地

当深厚比较大且没有大的地质构造时，地表移动在空间上和时间上是连续的、渐变的，具有明显的规律性。一般来说，在开采影响波及地表后，受采动影响的地表从原有的标高向下沉降，从而在采空区上方形成一个比采空区大得多的沉陷区域，称为地表下沉盆地。

（2）裂缝、台阶及塌陷坑

当深厚比较小或具有较大的地质构造时，地表移动在空间上和时间上是不连续的，没有严格的规律性，地表可能出现较大的裂缝、台阶或塌陷坑。

2.2.2 充分采动程度

(1) 充分采动角

充分采动的范围常用充分采动角来确定。充分采动角是指在充分采动条件下,在地表移动盆地的主断面上,移动盆地平底的边缘在地表水平线上的投影点和同侧采空区边界连线与煤层在采空区一侧的夹角称为充分采动角。下山方面的充分采动角以 ψ_1 表示,上山方向的充分采动角以 ψ_2 表示,走向方向的充分采动角以 ψ_3 表示。

(2) 非充分采动

当采空区尺寸小于该地质采矿条件下的临界开采尺寸时,地表任意点的下沉值均未达到该地质采矿条件下应有的最大下沉值,这种情况称为非充分采动,此时地表下沉盆地的形状大致呈漏斗形(图 2-2)。

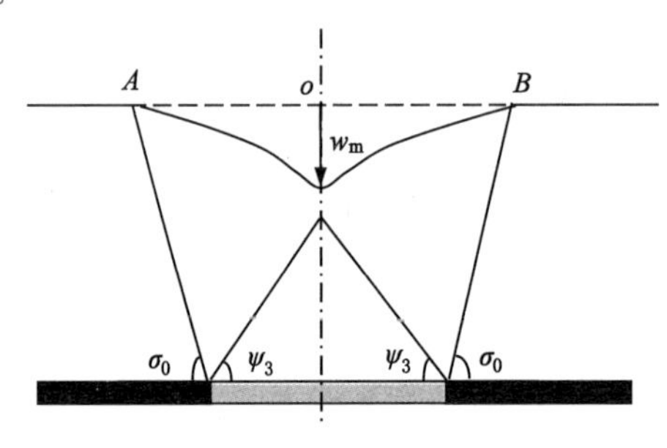

图 2-2 非充分采动下沉盆地

(3) 充分采动

当地表下沉盆地的下沉值达到该地质采矿条件下应有的最大下沉值,这种情况称为充分采动,又称临界开采。这时,地表下沉盆地的形状大致呈碗形(图 2-3)。

(4) 超充分采动

当达到充分采动后,开采工作面的尺寸继续扩大时,地表的影响范围相应扩大,但地表最大下沉值不再增加,地表下沉盆地出现平底,这种情况称为超充分采动。这时,地表下沉盆地的形状大致呈盆形(图 2-4)。

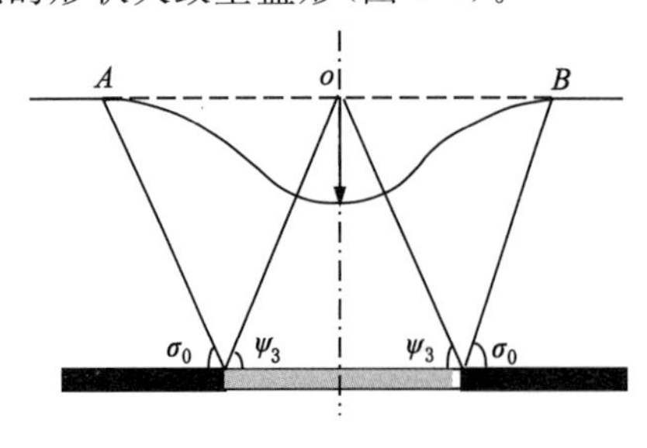

图 2-3 充分采动下沉盆地

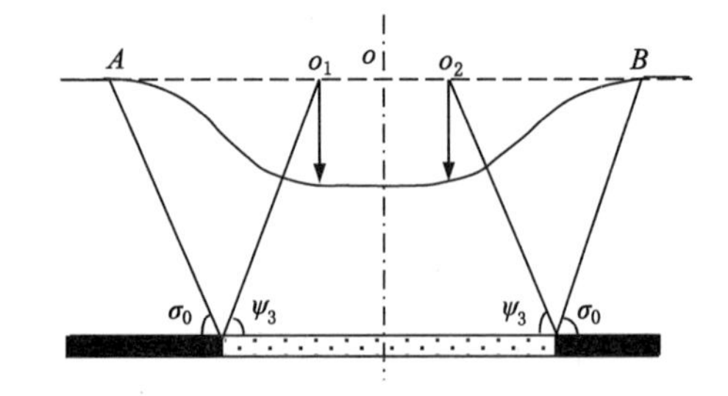

图 2-4 超充分采动下沉盆地

2.2.3 地表下沉盆地内的三个区域

地表下沉盆地的形状和位置取决于采空区的形状和煤层倾角。在地表下沉盆地内,不同位置的移动和变形性质大小各异。如图 2-5 所示,在采空区上方地表平坦,采动影响范围内没有较大地质构造的条件下,超充分采动时,最终形成的地表下沉盆地可划分为三个区域。

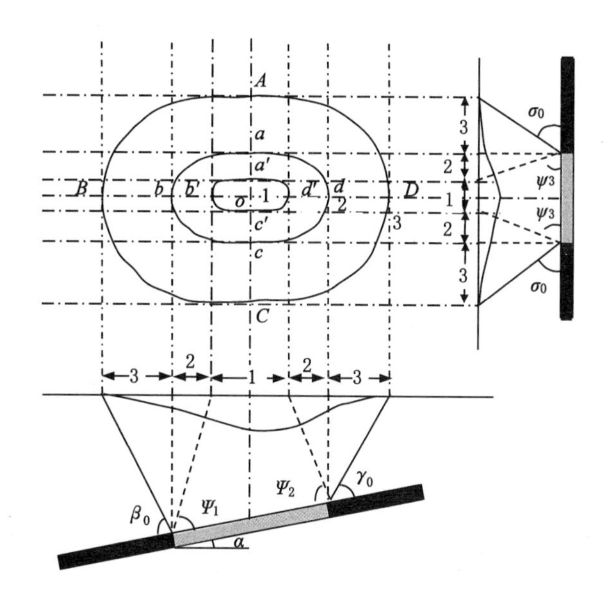

图 2-5　地表下沉盆地内的三个区域

(1) 中性区域

中性区域指地表下沉盆地的中间区域，一般位于盆地的中央部位，即图 2-5 中“1”字对应的部分。在此范围内，地表下沉均匀，地表下沉值达到该地质采矿条件下应有的最大值，其他移动和变形值近似于零，一般不出现明显裂缝。

(2) 压缩区域

压缩区域指地表下沉盆地的内边缘区，一般位于采空区边界附近到最大下沉点之间，即图 2-5 中“2”字对应的部分。在此区域内，地表下沉值不等，此区域地面移动向盆地的中心方向倾斜，呈凹形，产生压缩变形，一般不出现裂缝。

(3) 拉伸区域

拉伸区域指地表下沉盆地的外边缘区，一般位于采空区边界到盆地边界之间，即图 2-5 中“3”字对应的部分。在此区域内，地表下沉不均匀，地面移动向盆地中心方向倾斜，呈凸形，产生拉伸变形。当拉伸变形超过一定数值后，地面将产生拉伸裂缝。

2.3　地表移动和变形分布规律

2.3.1　地表移动和变形分析

如图 2-6 所示，地表移动盆地内一个点的移动向量 $\boldsymbol{u}$ 可以分解为垂直分量和水平分量。垂直分量称为下沉 $\boldsymbol{w}$，水平分量称为水平移动。沿断面的水平移动为纵向水平移动 $\boldsymbol{u}_x$，垂直于断面的水平移动称横向水平移动 $\boldsymbol{u}_y$。这三个分量的关系为：

$$\boldsymbol{u} = \boldsymbol{w} + \boldsymbol{u}_x + \boldsymbol{u}_y \tag{2-1}$$

为了研究问题方便，先将三维空间的移动问题简化为沿走向断面和沿倾向断面的两个平面问题，然后分析这两个断面内地表点的移动和变形。描述地表移动盆地内移动和变形

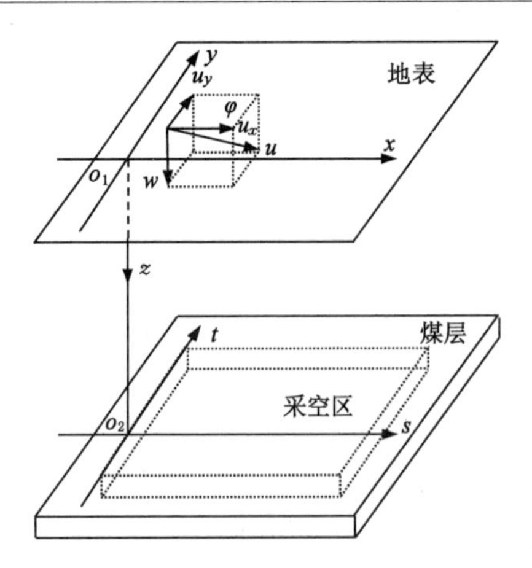

图 2-6 地表点的移动分析

的指标包括下沉、倾斜、曲率、水平移动、水平变形。

在移动盆地内,地表各点的移动方向是指向盆地中心的,但是它们的移动量各不相同。如图 2-7 所示,一般在移动盆地主断面上设有若干观测点,在地表移动前后,测量各点的高程和观测点间距,通过计算即可得到地表的移动和变形量。

(1) 下沉

下沉是指地表下沉盆地中某一观测点沿竖直方向的位移,通常用 ω 表示。它反映了移动盆地内地表某一点不同时间在竖直方向的沉降量,用该点的首次与末次观测的高程差表示。图 2-6 中观测点 2 的下沉值 ω_2 为:

$$\omega_2 = h_2 - h_{2'} \tag{2-2}$$

式中 h_2,$h_{2'}$——观测点 2 首次和末次观测所得的高程,mm。

下沉值正负号的规定:正值表示观测点下降,负值表示观测点上升。

(2) 倾斜

倾斜是指相邻两点在竖直方向的下沉差与这两点间水平距离的比值,通常用 i 表示。它反映了移动盆地内地表沿某一方向的坡度,用相邻两点间线段的平均斜率表示。图 2-7 中观测点 2 和 3 之间地表的倾斜 $i_{2\text{-}3}$ 为:

$$i_{2\text{-}3} = \frac{\omega_3 - \omega_2}{l_{2\text{-}3}} \tag{2-3}$$

式中 ω_2、ω_3——观测点 2 和 3 的下沉值,mm;

$l_{2\text{-}3}$——观测点 2 和 3 之间的水平距离,m。

倾斜的正负号规定:在倾斜断面上,指向上山方向的为正,指向下山方向的为负。在走向断面上,指向右侧方向的为正,指向左侧方向的为负。

(3) 曲率

曲率是指两相邻线段的倾斜之差与两线段中点间水平距离的比值,通常用 k 表示。它反映了移动盆地内地表沿某一方向的弯曲程度。图 2-7 中观测点 2、3、4 构成两个相邻线段 2-3 和 3-4,则观测点 2、3、4 之间地表的曲率 $k_{2\text{-}3\text{-}4}$ 为:

$$k_{2\text{-}3\text{-}4} = \frac{i_{3\text{-}4} - i_{2\text{-}3}}{\frac{1}{2}(l_{3\text{-}4} + l_{2\text{-}3})} \tag{2-4}$$

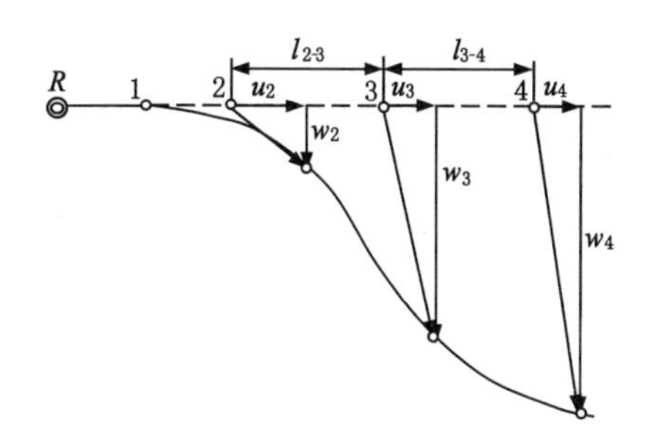

图 2-7　地表各点的移动和变形分析

式中　$i_{2\text{-}3}$、$i_{3\text{-}4}$——线段 2-3 和 3-4 的平均斜率，mm/m；

　　$l_{2\text{-}3}$、$l_{3\text{-}4}$——线段 2-3 和 3-4 的水平长度，m。

曲率的正负号规定：地表下沉曲线上，凸为正，凹为负。

(4) 水平移动

水平移动是指地表下沉盆地中某一观测点沿某一水平方向的位移，通常用 u 表示。它反映了移动盆地内地表某一点不同时间在某一水平方向的移动量，用该点的末次与首次测得的从该点至观测线控制点水平距离之差表示。图 2-7 中观测点 2 的水平位移 u_2 为：

$$u_2 = l_{R\text{-}2'} - l_{R\text{-}2} \tag{2-5}$$

式中　$l_{R\text{-}2'}$、$l_{R\text{-}2}$——观测点 2 末次和首次观测时该测点到控制点 R 的水平距离，mm。

水平移动值正负号的规定：在倾斜断面上，指向煤层上山方向的为正值，指向煤层下山方向的为负值；在走向断面上，指向右侧的移动为正，指向左侧方向的移动为负。

(5) 水平变形

水平变形是指相邻两点的水平移动差与两点间水平距离的比值，常用 ε 表示。它反映移动盆地内地表沿某一水平方向受到的拉伸或压缩程度，用相邻两点间单位水平长度的水平移动差表示。图 2-7 中观测点 2 和 3 之间地表的水平变形 $\varepsilon_{2\text{-}3}$ 为：

$$\varepsilon_{2\text{-}3} = \frac{u_3 - u_2}{l_{2\text{-}3}} \tag{2-6}$$

式中　u_2，u_3——观测点 2 和 3 的水平移动值，mm；

　　$l_{2\text{-}3}$——观测点 2 和 3 之间的水平距离，m。

水平变形的正负号规定：拉伸变形为正，压缩变形为负。

2.3.2　地表下沉稳定后主断面内移动和变形分布规律

开采沉陷的规律是指地下煤层开采引起的地表移动和变形的大小、空间分布形态及其与地质采矿条件的关系。在不同地质采矿条件下，开采沉陷的规律差别较大，因此，开采沉陷的一般规律是典型化和理想化的，必须满足以下几个条件：

① 当开采深度与开采厚度的比值较大时，地表移动和变形在空间和时间上会具有一定的连续性和分布规律。

② 地质采矿条件正常，无大的地质构造（如大断层和地下溶洞等），并采用正规循环的采煤作业。

③ 单一煤层开采，不受邻近工作面开采的影响。

④ 采空区的形状规则，一般为矩形。

2.3.2.1 水平煤层非充分采动时主断面内地表移动和变形分布规律

(1) 下沉曲线

下沉曲线[如图 2-8 中的曲线(1)]表示盆地内下沉分布规律，用 $\omega(x)$表示。设主断面方向为 x 轴，下沉的分布规律函数为 $f(x)$，则下沉曲线的表达式为：

$$\omega(x)=f(x) \tag{2-7}$$

下沉曲线分布规律：在采空区中央上方 O 点处地表下沉值最大，从盆地中心向采空区边缘下沉逐渐减小，在盆地边界点 A、B 处下沉值为零，下沉曲线以采空区中央对称。

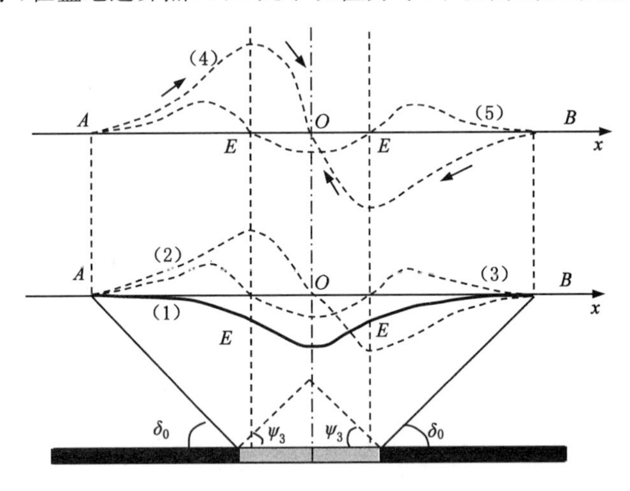

(1)—下沉；(2)—倾斜；(3)—曲率；(4)—水平移动；(5)—水平变形。

图 2-8 水平煤层非充分采动时主断面内地表移动和变形分布规律

(2) 倾斜曲线

倾斜曲线[如图 2-8 中的曲线(2)]表示地表移动盆地倾斜的变化规律，用 $i(x)$表示。倾斜曲线的表达式为：

$$i(x)=\frac{\mathrm{d}\omega(x)}{\mathrm{d}x} \tag{2-8}$$

倾斜曲线分布规律：盆地边界至拐点间倾斜渐增，拐点至最大下沉点间倾斜逐渐减小，在最大下沉点处倾斜为零。在拐点处倾斜最大，有两个相反的最大倾斜值。

(3) 曲率曲线

曲率曲线[如图 2-8 中的曲线(3)]表示地表移动盆地内曲率的变化规律，用 $k(x)$表示。曲率曲线的表达式为：

$$k(x)=\frac{\mathrm{d}i(x)}{\mathrm{d}x}=\frac{\mathrm{d}^2\omega(x)}{\mathrm{d}x^2} \tag{2-9}$$

曲率曲线的分布规律：盆地边缘区为正曲率区，盆地中部为负曲率区。曲率曲线有三个极值，两个相等的最大正曲率和一个最大负曲率，两个最大正曲率位于盆地边界点和拐点之间，最大负曲率位于最大下沉点处。盆地边界点和拐点处曲率为零。

(4) 水平移动曲线

水平移动曲线[如图 2-8 中的曲线(4)]表示地表移动盆地内水平移动分布规律,用$u(x)$表示。水平移动曲线的表达式为:

$$u(x) = B \cdot i(x) = B \cdot \frac{\mathrm{d}\omega(x)}{\mathrm{d}x} \tag{2-10}$$

式中 B——水平移动系数,$B=(0.13\sim0.18)H$;

H——煤层埋深,m。

水平移动曲线的分布规律:与倾斜曲线相似,盆地边界至拐点间水平移动渐增,盆地拐点至最大下沉点间水平移动逐渐减小,在最大下沉点处水平移动值为零。在拐点处水平移动值最大,有两个正负相反的最大水平移动值。移动盆地内各点的水平移动方向都指向盆地中心。

(5) 水平变形曲线

水平变形曲线[如图 2-8 中的曲线(5)]表示地表移动盆地内水平变形分布规律,用$\varepsilon(x)$表示。水平变形曲线的表达式为:

$$\varepsilon(x)=\frac{\mathrm{d}u(x)}{\mathrm{d}x}=B \cdot k(x) \tag{2-11}$$

水平变形曲线的分布规律:与曲率曲线的分布规律相似,盆地边缘区为拉伸区,盆地中部为压缩区。水平变形曲线有三个极值,两个相等的正极值和一个负极值,正极值为最大拉伸值,负极值为最大压缩值。两个最大拉伸值位于边界点和拐点之间,最大压缩值位于最大下沉点处。边界点和拐点处水平变形值为零。

2.3.2.2 水平煤层充分采动时主断面内地表移动和变形分布规律

如图 2-9 所示,地表刚好达到充分采动时主断面内地表移动和变形分布规律与水平煤层非充分采动时相比,有以下特点:

① 下沉曲线上最大下沉点 O 的最大下沉值已达到该地质采矿条件下的最大值。

② 倾斜、水平移动曲线没有明显变化。

③ 在最大下沉点 O 处,水平变形和曲率变形值均为零,在盆地中心区出现了两个最大负曲率和两个最大压缩变形值,位于拐点 E 和最大下沉点 O 之间。

④ 拐点 E 处的下沉值约为最大下沉值的一半。

2.3.2.3 水平煤层超充分采动时主断面内地表移动和变形分布规律

如图 2-10 所示,地表达到超充分采动时主断面内地表移动和变形分布规律和非充分采动时的相比,具有以下特点:

① 下沉盆地出现了平底 O_1-O_2 区,在该区域内,各点下沉值相等,并达到该地质采矿条件下的最大值。

② 在平底 O_1-O_2 区内,倾斜、曲率和水平变形均为零或接近于零,各种变形主要分布在采空区边界上方附近。

③ 最大倾斜和最大水平移动位于盆地拐点处;最大正曲率、最大拉伸变形位于盆地拐点和边界点之间;最大负曲率、最大压缩变形位于拐点和最大下沉点 O 之间。

④ 盆地平底 O_1-O_2 区内水平移动理论上为零,实际存在残余水平移动。

2.3.3 地表下沉稳定后全盆地内地表移动和变形分布规律

(1) 下沉等值线

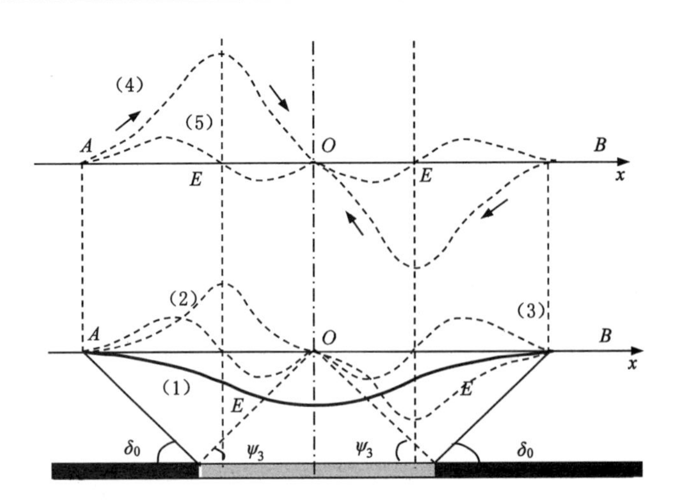

(1)—下沉;(2)—倾斜;(3)—曲率;(4)—水平移动;(5)—水平变形。

图 2-9 水平煤层充分采动时主断面内地表移动和变形分布规律

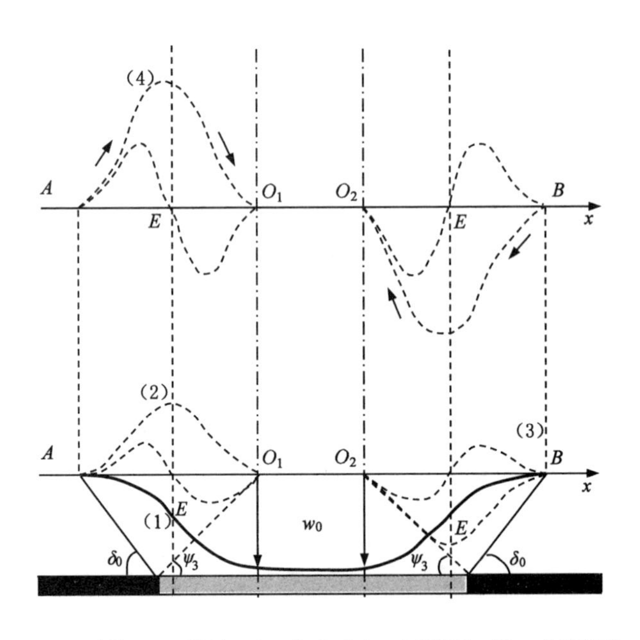

(1)—下沉;(2)—倾斜;(3)—曲率;(4)—水平移动;(5)—水平变形。

图 2-10 水平煤层超充分采动时主断面内地表移动和变形分布规律

下沉等值线呈近似椭圆形分布,在圆形中心处下沉值最大,在同一方向上离中心越远下沉值越小,如图 2-11 所示。

(2) 倾斜等值线

沿走向和倾斜方向的倾斜等值线全面积分布均为两组椭圆,椭圆长轴方向与所指定的方向垂直,如图 2-12 所示。

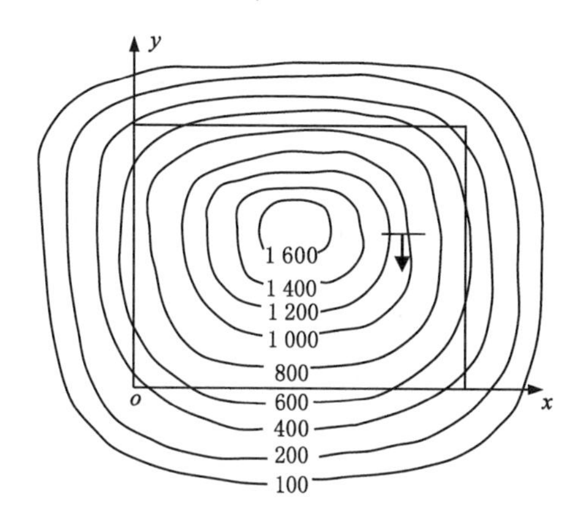

图 2-11　下沉等值线(单位:mm)

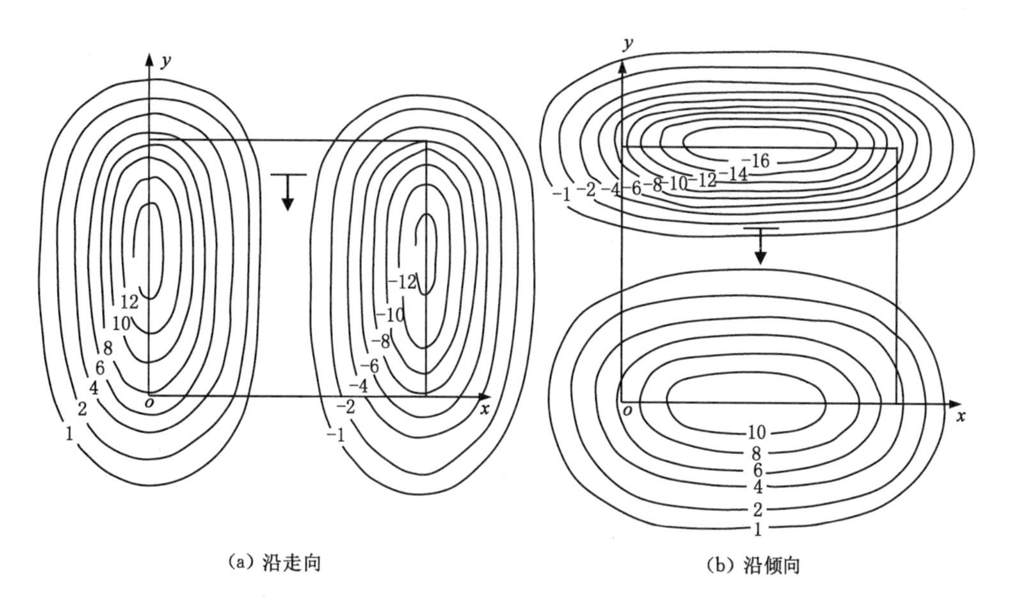

图 2-12　倾斜等值线

(3) 曲率等值线

沿走向和倾向的曲率等值线全面积分布均为四组椭圆,椭圆长轴方向与所指定的方向垂直,如图 2-13 所示。

(4) 水平移动等值线

沿走向和倾向的水平移动等值线全面积分布均为两组椭圆,椭圆长轴方向与所指定的方向垂直,如图 2-14 所示。

(5) 水平变形等值线

沿走向和倾向的水平变形等值线全面积分布均为四组椭圆,椭圆长轴方向与所指定的方向垂直,如图 2-15 所示。

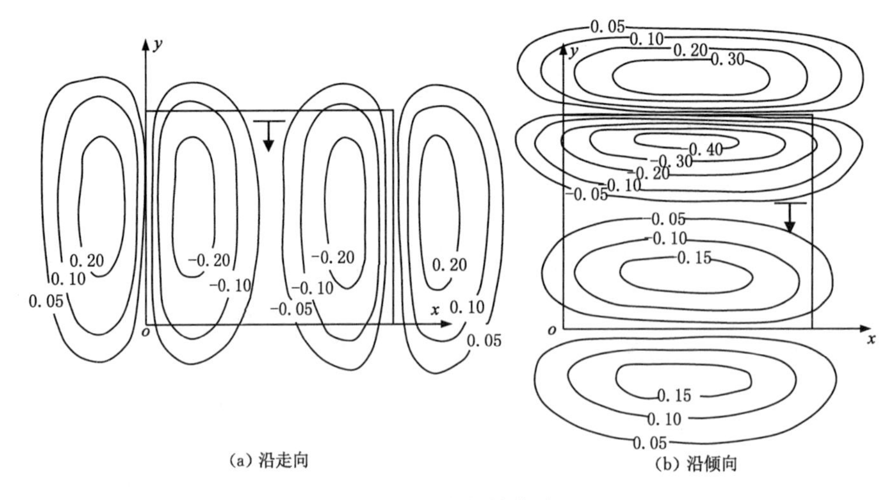

图 2-13　曲率等值线

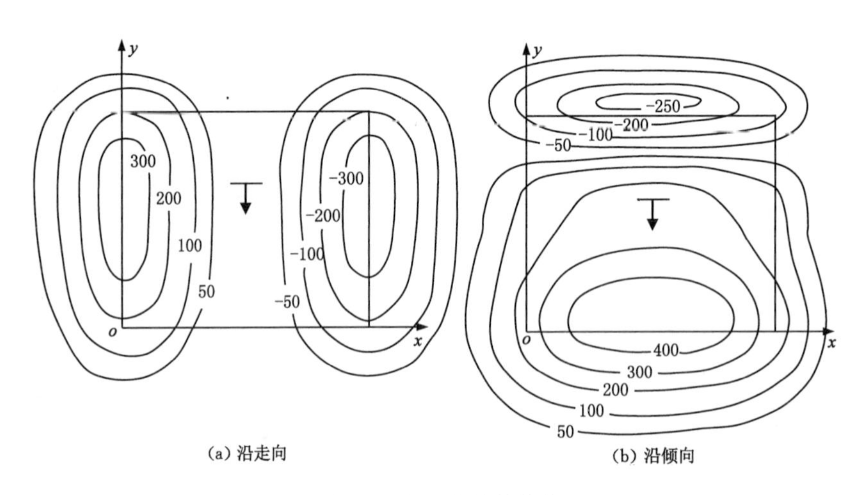

图 2-14　水平移动等值线

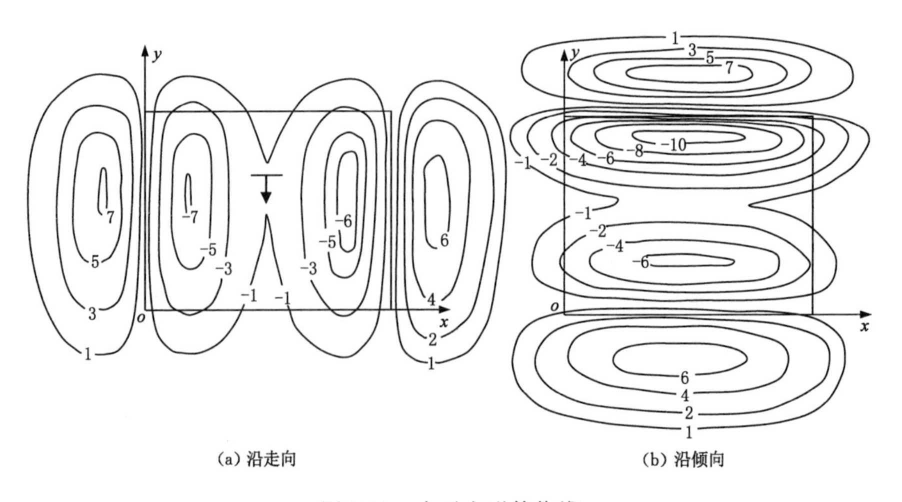

图 2-15　水平变形等值线

2.4 地表沉陷预计理论

目前，近水平煤层开采沉陷预测常用概率积分法。概率积分法的理论基础是随机介质理论，所以又叫随机介质理论法。随机介质理论首先由波兰学者利特维尼申于 20 世纪 50 年代引入岩层移动研究，后经我国学者刘宝琛、廖国华等发展为概率积分法。目前已成为我国较成熟的应用特别广泛的预计方法之一。

2.4.1 走向主断面移动和变形预计

（1）地表移动和变形公式预计

$$\omega(x)=\frac{\omega_0}{2}[\mathrm{erf}(\frac{\sqrt{\pi}}{r}x)+1]-\frac{\omega_0}{2}[\mathrm{erf}(\sqrt{\pi}\frac{(x-l)}{r})+1] \tag{2-12}$$

$$i(x)=\frac{\omega_0}{r}[\mathrm{erf}(-\pi\frac{x^2}{r^2})-\mathrm{erf}(-\pi\frac{(x-l)^2}{r^2})] \tag{2-13}$$

$$k(x)=-\frac{2\pi\omega_0}{r^3}[x\mathrm{erf}(-\pi\frac{x^2}{r^2})-(x-l)\mathrm{erf}(-\pi\frac{(x-l)^2}{r^2})] \tag{2-14}$$

$$u(x)=b\omega_0[\mathrm{erf}(-\pi\frac{x^2}{r^2})-\mathrm{erf}(-\pi\frac{(x-l)^2}{r^2})] \tag{2-15}$$

$$\varepsilon(x)=-\frac{2\pi b\omega_0}{r^3}[x\mathrm{erf}(-\pi\frac{x^2}{r^2})-(x-l)\mathrm{erf}(-\pi\frac{(x-l)^2}{r^2})] \tag{2-16}$$

$$\omega_0=mq\cos\alpha \tag{2-17}$$

$$\mathrm{erf}(\frac{\sqrt{\pi}}{r}x)=\frac{\sqrt{\pi}}{2}\int_0^{\frac{\sqrt{\pi}}{r}x}e^{-u^2}du \tag{2-18}$$

各公式之间的关系为：

$$\omega=\omega(x) \tag{2-19}$$

$$i(x)=\frac{d\omega}{dx} \tag{2-20}$$

$$k(x)=\frac{d^2\omega}{dx^2} \tag{2-21}$$

$$u(x)=b\frac{d\omega}{dx} \tag{2-22}$$

$$\varepsilon(x)=b\frac{d^2\omega}{dx^2} \tag{2-23}$$

（2）最大值计算

① 最大下沉值 ω_m：最大下沉值会出现在 $x=l/2$ 处，可按式(2-17)计算出最大值。

② 最大倾斜和最大水平移动值：最大倾斜和最大水平移动值出现在 $x=0$ 处，最大负倾斜和最大负水平移动值出现在 $x=l$ 处，代入式(2-20)和式(2-22)可计算出最大值。

③ 最大曲率和最大水平变形值：可用式(2-21)和式(2-23)计算出地表曲率和地表水平变形值，然后再从中求出最大值。最大正曲率和最大正水平变形值各有两个，位于两侧煤柱上方。最大负曲率和最大负水平变形值位于采空区中部上方。

2.4.2 倾向主断面移动和变形预计

预计公式和参数如下：

$$\omega(y)=\frac{\omega_0}{2}[\mathrm{erf}(\frac{\sqrt{\pi}}{r_1}y)]-\frac{\omega_0}{2}[\mathrm{erf}(\sqrt{\pi}\ \frac{(y-L)}{r_2})] \tag{2-24}$$

$$i(y)=\omega_0[\frac{1}{r_1}\mathrm{erf}(-\pi\frac{y^2}{r_1^2})-\frac{1}{r_2}\mathrm{erf}(-\pi\frac{(y-L)^2}{r_2^2})] \tag{2-25}$$

$$k(y)=-2\pi\omega_0[\frac{1}{r_1^3}y\mathrm{erf}(-\pi\frac{y^2}{r_1^2})-\frac{1}{r_2^3}(y-L)\mathrm{erf}(-\pi\frac{(y-L)^2}{r_2^2})] \tag{2-26}$$

$$u(x)=\omega_0[b_1\mathrm{erf}(-\pi\frac{y^2}{r_1^2})-b_2\mathrm{erf}(-\pi\frac{(y-L)^2}{r_1^2})]+$$
$$\frac{\omega_0}{2}\cot\theta[\mathrm{erf}(\frac{\sqrt{\pi}}{r_1}y)-\mathrm{erf}(\sqrt{\pi}\ \frac{y-L}{r_2})] \tag{2-27}$$

$$\varepsilon(x)=-[\frac{2\pi b_1\omega_0}{r_1^2}y\mathrm{erf}(-\pi\frac{y^2}{r_1^2})-\frac{2\pi b_2\omega_0}{r_2^2}(y-L)\mathrm{erf}(-\pi\frac{(y-L)^2}{r_2^2})]+$$
$$[\frac{\omega_0}{r_1}\mathrm{erf}(-\pi\frac{y^2}{r_1^2})\cot\theta-\frac{\omega_0}{r_2}\mathrm{erf}(-\pi\frac{(y-L)^2}{r_2^2})\cot\theta] \tag{2-28}$$

$$\omega_0=mq\cos\alpha \tag{2-29}$$

$$\mathrm{erf}(\frac{\sqrt{\pi}}{r}x)=\frac{\sqrt{\pi}}{2}\int_0^{\frac{\sqrt{\pi}}{r}x}\mathrm{e}^{-u^2}\mathrm{d}u \tag{2-30}$$

r_1 和 r_2 分别为下山和上山方向的主要影响半径，可按下式求出：

$$r_1=\frac{H_1}{\tan\beta_1},r_2=\frac{H_2}{\tan\beta_2} \tag{2-31}$$

式中　$\tan\beta_1$，$\tan\beta_2$——下山和上山方向的主要影响角正切；

L——倾斜工作面计算长度，按下式计算：

$$L=(D_1-S_1-S_2)\frac{\sin(\theta_0+\alpha)}{\sin\theta_0} \tag{2-32}$$

式中　D_1——工作面倾向斜长；

S_1——下山方向拐点偏移距；

S_2——上山方向拐点偏移距。

2.4.3　任意点移动和变形预计

(1)下沉 $W(x,y)$

若煤层的顶板下沉量 $W_0=mq\cos\alpha$，开采范围为 O_1CDE，走向长 O_1C 为 D_3，倾向水平长为 D_{1s}，则整个开采引起的 A 点的下沉量 $W(x,y)$ 可以用式(2-33)计算：

$$W(x,y)=W_0\int_0^{D_3}\int_0^{D_{1s}}\frac{1}{r^2}\mathrm{e}^{-\pi\frac{(x-s)^2+(y-t)^2}{r^2}}\mathrm{d}t\mathrm{d}s \tag{2-33}$$

根据前面的推导和简化，得：

$$W(x,y)=W_0\times[W(x)-W(x-D_3)]\times[W(y)-W(y-D_{1s})] \tag{2-34}$$

考虑到前述有限开采的计算公式，式(2-34)可写成：

$$W(x,y)=\frac{1}{W_0}\times W^0(x)\times W^0(y) \tag{2-35}$$

式中　W_0——走向和倾向均达到充分采动时的地表最大下沉值；

$W^0(x)$——倾向方向达到充分采动时走向主断面上横坐标为 x 的点的下沉值；

$W^0(y)$——走向方向达到充分采动时倾向主断面上横坐标为 y 的点的下沉值。

(2) 沿 φ 方向的倾斜 $i(x,y,\varphi)$

按图中的指定方向可以看出，φ 角为从 x 轴的正向沿逆时针方向与指定预计方向所夹的角度。

坐标为 (x,y) 的 A 点沿 φ 方向的倾斜为下沉 $W(x,y)$ 在 φ 方向上单位距离的变化率，在数学上为 φ 方向的方向导数，即

$$\begin{aligned} i(x,y,\varphi) &= \frac{\partial W(x,y)}{\partial \varphi} \\ &= \frac{\partial W(x,y)}{\partial x}\cos\varphi + \frac{\partial W(x,y)}{\partial y}\sin\varphi \end{aligned} \tag{2-36}$$

可将式(2-36)化简为：

$$i(x,y,\varphi) = \frac{1}{W_0} \times [i^0(x) \times W^0(y) \times \cos\varphi + i^0(y) \times W^0(x) \times \sin\varphi] \tag{2-37}$$

(3) 沿 φ 方向的曲率 $k(x,y,\varphi)$

A 点 φ 方向的曲率为倾斜 $i(x,y,\varphi)$ 在 φ 方向上单位距离的变化率，在数学上为 φ 方向的方向导数，即

$$\begin{aligned} k(x,y,\varphi) &= \frac{\partial i(x,y,\varphi)}{\partial \varphi} \\ &= \frac{\partial i(x,y,\varphi)}{\partial x}\cos\varphi + \frac{\partial i(x,y,\varphi)}{\partial y}\sin\varphi \end{aligned} \tag{2-38}$$

可将式(2-38)化简为：

$$\begin{aligned} k(x,y,\varphi) = \frac{1}{W_0} \times [& k^0(x) \times W^0(y) \times \cos^2\varphi + k^0(y) \times W^0(x) \times \sin^2\varphi + \\ & i^0(x) \times i^0(y) \times \sin 2\varphi] \end{aligned} \tag{2-39}$$

(4) 沿 φ 方向的水平移动 $U(x,y,\varphi)$

$$\begin{aligned} U(x,y,\varphi) &= bri(x,y,\varphi) \\ &= \frac{1}{W_0}[U^0(x) \times W^0(y)\cos\varphi + U^0(y) \times W^0(x)\sin\varphi] \end{aligned} \tag{2-40}$$

(5) 沿 φ 方向的水平变形 $\varepsilon(x,y,\varphi)$

$$\begin{aligned} \varepsilon(x,y,\varphi) &= brk(x,y,\varphi) \\ &= \frac{1}{W_0} \times \{\varepsilon^0(x) \times W^0(y) \times \cos^2\varphi + \varepsilon^0(y) \times W^0(x) \times \sin^2\varphi + \\ &\quad [U^0(x) \times i^0(y) + U^0(y) \times i^0(x)] \times \sin\varphi\cos\varphi\} \end{aligned} \tag{2-41}$$

(6) 沿 φ 方向的扭曲 $U(x,y,\varphi)$ 和剪应变 $\gamma(x,y,\varphi)$

地表扭曲：地表两平行线的倾斜差与两线间距的比值称为扭曲，其单位同曲率，10^{-3}/m。

在数学上，A 点沿 φ 方向的扭曲为沿 φ 方向单位长度上的倾斜 $i(x,y,\varphi+90°)$ 的变化率，即

$$\begin{aligned} s(x,y,\varphi) &= \frac{\partial i(x,y,\varphi+90°)}{\partial \varphi} = \frac{\partial i(x,y,\varphi+90°)}{\partial x}\cos\varphi + \frac{\partial i(x,y,\varphi+90°)}{\partial y}\sin\varphi \\ &= \frac{1}{2W_0}[k^0(y)W^0(x) - k^0(x)W^0(y)]\sin 2\varphi + \frac{1}{W_0}i^0(x)i^0(y)\cos 2\varphi \end{aligned} \tag{2-42}$$

剪应变：地表单元下沉盆地内单元正方形的变化称为剪应变，其单位同水平变形，即mm/m。

$$\gamma(x,y,\varphi)=\frac{W^0(x)\varepsilon^0(y)-W^0(y)\varepsilon^0(x)}{W_0}\sin 2\varphi+\frac{U^0(x)i^0(y)-U^0(y)i^0(x)}{W_0}\cos 2\varphi \tag{2-43}$$

上述公式对水平煤层是成立的，对倾斜和缓倾斜煤层开采也是近似成立的。

2.4.4 任意形状工作面开采时地表任意点的移动和变形预计

可沿走向或倾向把工作面切割成几个较正规的近似矩形，分别用上小节公式进行预计，然后进行叠加运算，从而获得整个工作面开采引起的地表移动和变形。

对于极小工作面开采，在预计时应对下沉系数进行修正（表 2-1）。

表 2-1　极小工作面下沉系数修正表

$\frac{D_3}{2r}$（或$\frac{D_{1s}}{2r}$）	0.1	0.2	0.3	0.4	0.5	0.6 及以上
K	0	0.48	0.64	0.77	0.85	1.0

2.5 本章小节

本章对近水平煤层开采沉陷的传统理论进行了阐述。传统开采沉陷理论认为：水平或近水平煤层开采条件下，覆岩和地表移动变形具有空间对称性，均关于采空区中心对称，且采用的预计方法均是空间对称模型。

第 3 章　近水平煤层高强度开采地表剧烈移动规律

3.1　近水平煤层高强度开采实测地表移动规律工作面尺度分析

3.1.1　22407 工作面概况

22407 工作面位于哈拉沟井田四盘区中部，北西为 22 煤中央回风大巷，北东为设计的 22408 工作面，南东为大柳塔煤矿 22610 工作面采空区，南西为 22406 综采工作面采空区。工作面对应地表位置的郝家壕村，地表起伏不大，总体呈北西高、南东低趋势，地表全部被风积沙所覆盖。设计走向长 3 224 m，倾斜长 284.3 m。煤层底板标高 1 127.8～1 147.9 m，工作面回采范围内煤厚 3.8～5.7 m，工作面回采范围内平均煤厚 5.39 m，煤层结构简单，属稳定型煤层。煤层可采性指数为 1，煤厚变异系数为 6.05%。煤层倾向南西（轴向 NE-SW），煤层倾角 1°～3°，煤层底板标高整体为运输巷高于回风巷。

基本顶为粉细砂岩，成分以石英、长石为主，波状层理；直接顶为中细砂岩，成分以石英、长石为主，泥质胶结；直接底为砂质泥岩，水平层理，层状构造，局部夹薄层粉砂岩，含大量植物叶茎化石。煤层顶底板特征见表 3-1。

表 3-1　煤层顶底板特征　　单位：m

项　目	岩石名称	（最小厚度—最大厚度）/平均厚度	岩　性　特　征
基本顶	粉细砂岩	≥20 / 10.1	灰色，成分以石英、长石为主，含植物化石及黄铁矿结核，中夹 0.25 m 薄煤，波状层理
直接顶	中细砂岩	18.47～44.1 / 25.4	灰白色，成分以石英、长石为主，分选好，泥质胶结，上部 0.20 m 碳质泥岩
直接底	砂质泥岩	0.45～8.3 / 4.48	灰色，水平层理，层状构造，局部夹薄层粉砂岩，含大量植物叶茎化石

工作面基本顶为平均厚度为 10.1 m 的粉细砂岩，直接顶为平均厚度 25.4 m 的中细砂岩。结合地质条件和以往开采经验，本工作面采用全部垮落法管理顶板。22407 工作面总回采面积为 9.166×10^5 m^2。回采区域平均煤厚为 5.39 m，按密度 1.30 t/m^3 计算，本工作面地质储量为 642.3 万 t，按设计采高为 5.2 m 回采，可采储量为 619.6 万 t。根据现场煤层变化情况，在保证不漏矸的情况下，适当调整采高提高回收率。22407 工作面综合柱状图如图 3-1 所示。22407 工作面储量计算表如表 3-2 所示。

地层	最小层厚-最大层厚 平均层厚	柱状 1:200	层号	岩性	岩性描述
第四系Q	21.88～3.76 15.66		20	风积沙	土黄色，中细粒，松散，无胶结。
	9.35～55.44 26.34		19	黄土	浅转红色，成分为沙土、黏土，含钙质结核，局部坚硬。固结较好，孔隙发育；底部砾石层发育。砾径为5 cm左右。
	20.17～9.80 13.47		18	砂砾石层	河流石，砾径8～10 cm，成分以石英、长石为主。
直罗组J_2z	8.18～1.60 4.89		17	砂质泥岩	灰绿色，较破碎，块状构造，局部已风化。
	6.25～4.66 5.35		16	粉砂岩	夹细粒砂岩薄层，泥质胶结，近水平层理发育，块状构造。
	8.29～4.64 6.47		15	中粒砂岩	灰白色，成分以石英、长石为主，具块状层理。
	5.55～3.59 4.57		14	细粒砂岩	灰绿色，成分以石英长石为主，泥质胶结，含云母片。
	5.82～3.50 4.88		13	粉砂岩	灰绿色至灰色，夹细粒砂岩薄层，局部地段已风化。
	15.36～12.27 13.98		12	长石石英中砂岩	灰白色，成分以石英、长石为主，局部地段为灰色砂质泥岩，水平层理，层状构造。
延安组$J_{1\text{-}2}y$	3.53～0.50 2.02		11	粉砂岩	灰色，含植物叶化石以及黄铁矿结核。
	10.94～2.80 6.87		10	细粒砂岩	灰白色，成分以石英、长石为主，泥质胶结，夹粉砂岩薄层。
	4.27～3.45 3.64		9	煤线/细粒砂岩	灰白色，泥质胶结，以长石、石英为主，分选中等，磨圆一般。
	7.64～1.20 4.42		8	石英中粒砂	灰白色，成分以石英、长石为主，泥质胶结。
	6.81～4.50 5.66		7	细粒砂岩	灰白色，成分石英、长石为主，泥质胶结，夹粉砂岩薄层。
	5.27～1.30 3.29		6	砂质泥岩	灰色，泥质胶结，近水平层理发育，局部夹薄层中砂岩。
	4.47～1.20 2.84		5	石英中粒砂岩	灰白色，成分以石英、长石为主，含有黄铁矿结核。
	11.37～1.98 6.68		4	粉砂岩	深灰色，局部为砂质泥岩，灰色，水平层理，层状构造。
	5.7～3.8 5.39		3	2-2煤	煤
	7.47～4.83 5.80		2	粉砂岩	灰白色至深灰色，夹细粒砂岩、泥岩薄层。
	7.59～1.74 4.41		1	细粒砂岩	灰白色至深灰色，成分以石英、长石为主，夹细砂岩薄层。含少量暗色矿物。

图 3-1　22407 工作面综合柱状图(图中第二列单位为 m)

表 3-2　22407 工作面储量计算表

块段	面积/(10^4 m^2)	平均煤厚/m	密度/(t/m^3)	地质储量/(万 t)	可采储量/(万 t)
1 段	91.66	5.39	1.30	642.3	619.6
合　计	91.66			642.3	619.6

22407 工作面日割 18 刀，日进 15.57 m。22407 工作面计划正常推进时间为 207 天，考虑初采、过断层、末采等因素影响(15 天)，预计可采期限为 222 天，服务时间为 7.4 月。

(1) 22407 工作面地质构造情况

工作面上覆基岩厚 35～98.5 m，松散层厚 40～69 m。巷道中实际揭露的构造有：

① 22407 运输巷 11～19 联区域在巷道掘进时揭露冲刷，冲刷体岩性为粉砂岩，煤层最薄处为 3.8 m；

② 工作面回采至距离开切眼 1 484 m 处会揭露 F_{34} 断层，断层在回风巷侧(38-39L)先揭露，回采至运输巷侧(38L)结束，在工作面推进方向内影响长度约 62 m。

F_{34} 断层至开切眼，裂隙、冲刷体较多，可能贯穿整个工作面，对回采时采高有一定影响。

(2) 22407 工作面水文地质情况

22407 工作面主要受第四系松散含水层水的影响。第四系松散含水层以风积沙为主，距开切眼 287～1 288 m 区域为强富水区，松散含水层厚度为 10～24 m，富水性强，工作面回采至该区域时可能会溃水溃沙，现已采取井下疏放水的措施，但疏放水效果不好，回采时应加大工作面排水设防能力，保证工作面安全顺利回采。回采该区域前提前制定防止溃水溃沙的安全技术措施和应急预案，同时需配备足够的排水设备，且保证设备正常运转，排水能力不小于 500 m^3/h。

矿方早先对该工作面强富水区域实施疏放水工程，施工重点在 22407 回风巷和 22408 回风巷，共施工钻孔 46 个。钻孔累计初始涌水量为 87.7 m^3/h，截至 2013 年 7 月 15 日，钻孔累计涌水量为 20 m^3/h，累计泄水量为 2.0×10^5 m^3。工作面正常涌水量为 75 m^3/h，工作面最大涌水量为 416 m^3/h。

(3) 22407 工作面矿压观测情况

结合工作面地质采矿条件，对工作面初采 200 m 范围、末采贯通前 200 m 范围进行矿压观测，并对过断层、薄基岩、富水区等地质构造期间对其前后 100 m 范围进行矿压观测。矿压参数参考已开采的 22405 和 22406 工作面参数，具体如表 3-3 所示。

表 3-3　矿压参数参考表

序号	项　目		单位	数值	
				22405 工作面	22406 工作面
1	顶底板条件	基本顶厚度	m	2.95～11.66	3.28～9.66
		直接顶厚度	m	0.35～12.99	1.45～11.41
		直接底厚度	m	4.65～24.24	2.45～7.25
2	直接顶初次	垮落步距	m	27	26

表 3-3(续)

3	初次来压	来压步距	m	68	71
		最大来压强度	MPa	58	58.3
		最大平均顶底板移近量	m	0.15	0.15
		来压显现程度		来压强烈	来压强烈
4	周期来压	来压步距	m	14.7	15
		最大来压强度	MPa	58	58
		最大平均顶底板移近量	m	0.20	0.20
		矿压显现程度		来压明显	来压明显
5	正常生产	最大平均支护强度	MPa	0.80	0.85
6	直接顶类型		类	Ⅲ	Ⅲ
7	基本顶级别		级	Ⅲ	Ⅲ

(4) 影响回采的其他因素

本煤层瓦斯含量极低，瓦斯主要成分为 CH_4、N_2 和 CO_2。瓦斯相对涌出量为 0.08 m^3/t，绝对涌出量为 0.65 m^3/min，二氧化碳相对涌出量为 0.16 m^3/t，绝对涌出量为 1.31 m^3/min，瓦斯等级低，属于瓦斯矿井，一般不会对开采造成危害。

煤尘爆炸指数为 44.8%，有爆炸危险性，应采取降尘措施。

煤层具有自燃倾向性，自燃发火期为 1 个月左右，属于一类自燃煤层，堆放量大和堆放期长时，能引起自燃。地温正常，无地热危害。

3.1.2 地表移动观测站概况

根据 22407 工作面地质采矿条件和钻孔柱状图，可计算覆岩综合评价系数。可将 22407 工作面上覆岩层岩性综合评定为中硬偏硬岩层。煤层倾角平均为 1°，为近水平煤层，因此，走向移动角、上山移动角和下山移动角全部取矿区移动角经验值 72°。参考覆岩性质和哈拉沟煤矿提供的岩移经验参数，确定的观测站设计所用的角量参数如表 3-4 所示。

表 3-4 角量参数

角　名	角度/(°)	角　名	角度/(°)
最大下沉角	89.4	松散层移动角	45
走向移动角	72	走向移动角修正值	20
上山移动角	72	上山移动角修正值	20
下山移动角	72	下山移动角修正值	20

由于 22407 工作面走向和倾向全部达到超充分采动，因此在 22407 工作面上方将观测站布设为剖面线状地表移动观测站，布设在工作面停采线一侧。布设走向观测线一条，倾向观测线一条，两条观测线互相垂直，成“十”字形。由于煤层平均埋深为 130 m，根据有关规定，观测点密度设为 15 m。

走向观测线沿走向主断面布置，根据煤层倾角，观测线布置在距走向主断面向下山方向偏移 3.63 m 的位置上，全线长 348 m，停采线外布设 120 m，观测站编号依次为 A0、A1、…、A8，采空区正上方布设 228 m，观测站编号依次为 A9、A10、…、A23，其中 A8 观测站设置在停采线正上方。倾斜观测线设置在离停采线 198 m 的位置，并平行于停采线，全线长度为 301 m，开采边界外布设 135 m，观测站编号依次为 B1、B2、…、B10，采空区正上方布设 166 m，观测站编号依次为 B11、B12、…、B20，其中 B10 观测站设置在开采边界正上方。两条观测线相交于 A21 观测点。22407 工作面观测线布设示意图如图 3-2 所示。

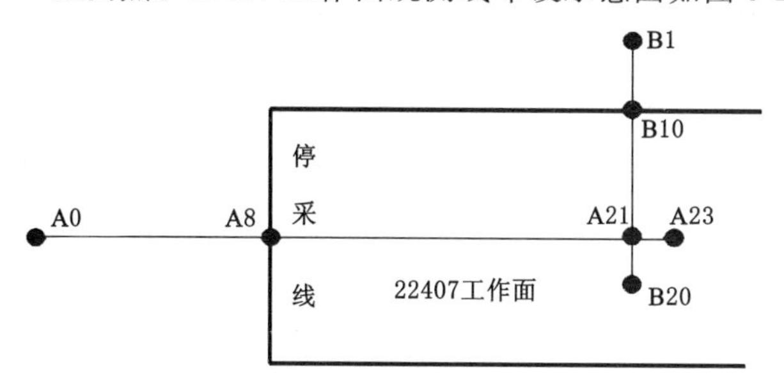

图 3-2　22407 工作面观测线布设示意图

22407 工作面走向和倾向观测站布设点数和长度如表 3-5 所示。

表 3-5　观测站布设点数和长度

观测线方向	点数/个	长度/m
沿走向	24	348
沿倾向	20	311

埋设测点所用的观测站(混凝土桩)结构如图 3-3 所示。

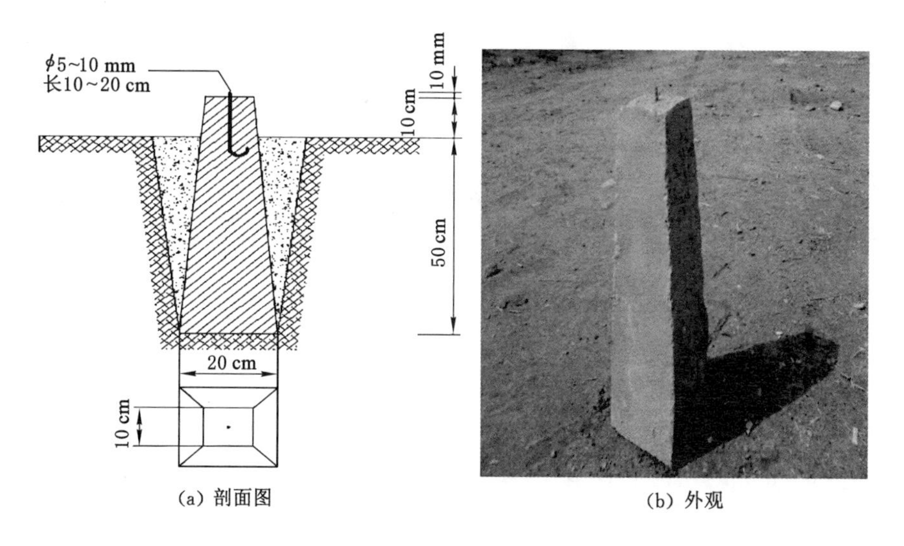

(a) 剖面图　　(b) 外观

图 3-3　观测站结构

3.1.3 角量参数特征分析

22407 工作面自 2013 年 11 月建立地表移动观测站以来，已经进行了 11 次全面观测。地表移动角量参数主要用于描述采空区与下沉盆地的相对位置、大小、特性及时间等关系。角量参数主要包括边界角、移动角、充分采动角、最大下沉角等。由于煤层倾角为 1°，几乎为水平煤层，因此在求取倾向角量参数时，不再区分上下山方向。

(1) 边界角

边界角主要包括走向边界角和倾向边界角。走向边界角求取如图 3-4 所示，倾向边界角求取如图 3-5 所示。

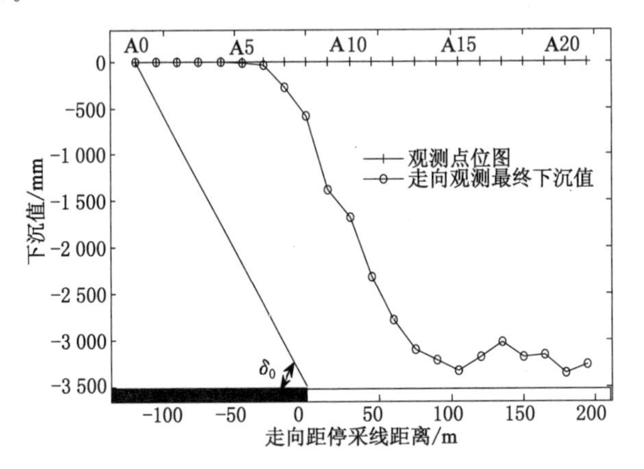

图 3-4 走向边界角求取

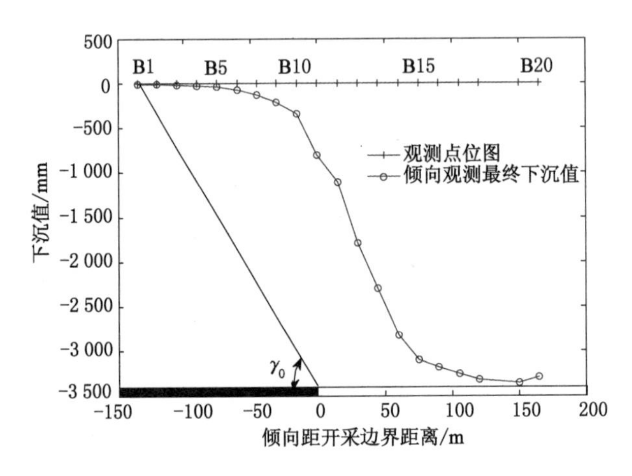

图 3-5 倾向边界角求取

从图 3-4 中可以看出，在走向主断面上下沉值为 10 mm 的点位于 A0 观测点附近，与停采线的距离 $L=120$ m，据此求取的走向边界角为 47.3°。从图 3-5 中可以看出，在倾向主断面上下沉值为 10 mm 的点位于 B1 观测点附近，与停采线的距离 $L=135$ m，据此求取的倾向边界角为 43.9°。

(2) 移动角

求取移动角所用的临界变形参数主要为：倾斜变形 3 mm/m，曲率变形 0.2 mm/m^2，水平变形 2 mm/m。移动角主要包括走向移动角和倾向移动角。走向移动角求取如图 3-6 所示，图 3-6(a)至图 3-6(c)分别为走向倾斜曲线、走向曲率曲线和走向水平变形曲线。

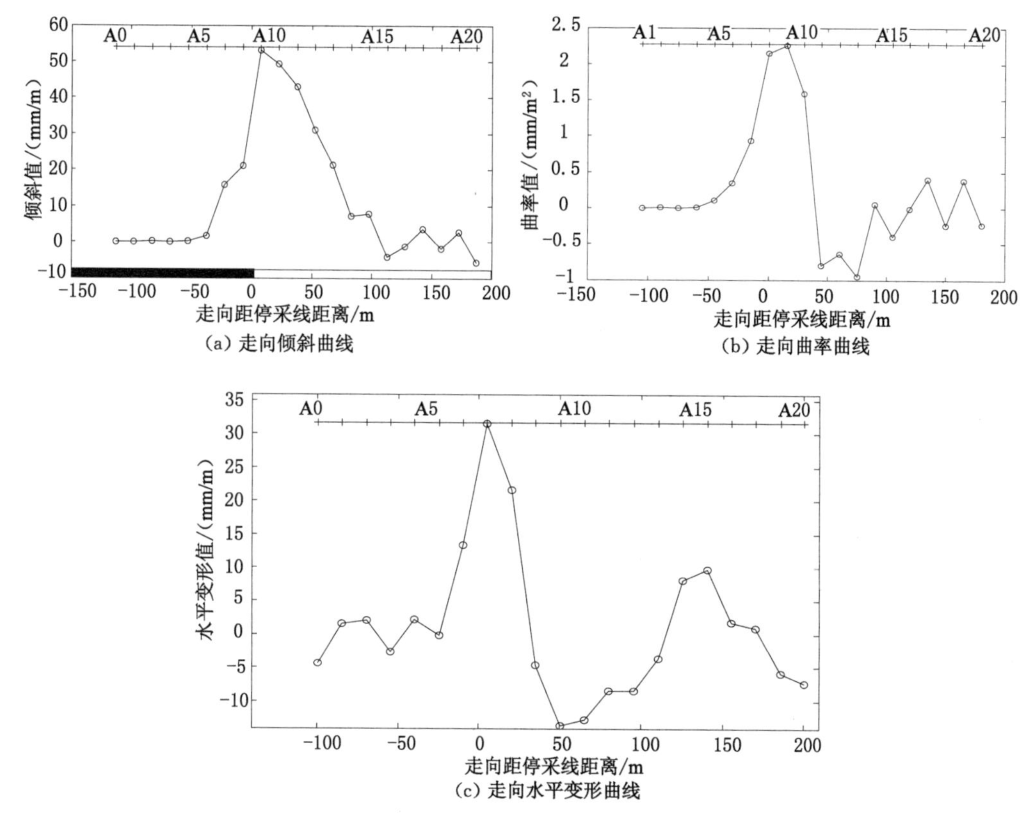

(a) 走向倾斜曲线

(b) 走向曲率曲线

(c) 走向水平变形曲线

图 3-6　走向移动角求取

从图 3-6 中可以看出，倾斜值为 3 mm/m 的点在 A5 附近，曲率值为 0.2 mm/m² 的点在 A4 至 A5 之间，水平变形值为 2 mm/m 的点在 A4 附近，综合取最外边的一个临界变形值点距停采线的距离 L=60 m，据此求取的走向移动角为 65.3°。

倾向移动角的求取如图 3-7 所示，图 3-7(a)、图 3-7(b)和图 3-7(c)分别为倾向倾斜曲线、倾向曲率曲线和倾向水平变形曲线。

从图 3-7 中可以看出，倾斜值为 3 mm/m 的点在 B5 附近，曲率值为 0.2 mm/m² 的点在 B7 附近，水平变形值为 2 mm/m 的点在 B5 附近，综合取最外边的一个临界变形值点距停采线的距离 L=75 m，据此求取的倾向移动角为 60°。

(3) 充分采动角

充分采动角主要有走向充分采动角和倾向充分采动角。走向充分采动角求取如图 3-8 所示，倾向充分采动角求取如图 3-9 所示。

从图 3-8 中可以看出，在走向主断面上下沉盆地边缘点位于 A15 观测点附近，与停采线的距离 L=105 m，据此求取的走向充分采动角为 51°。从图 3-9 中可以看出，在倾向主断面上下沉盆地边缘点位于 B18 观测点附近，与停采线的距离 L=120 m，据此求取的倾向充分采动角为 47.2°。

沿 22407 工作面走向及倾向求得的角量参数如表 3-6 所示。

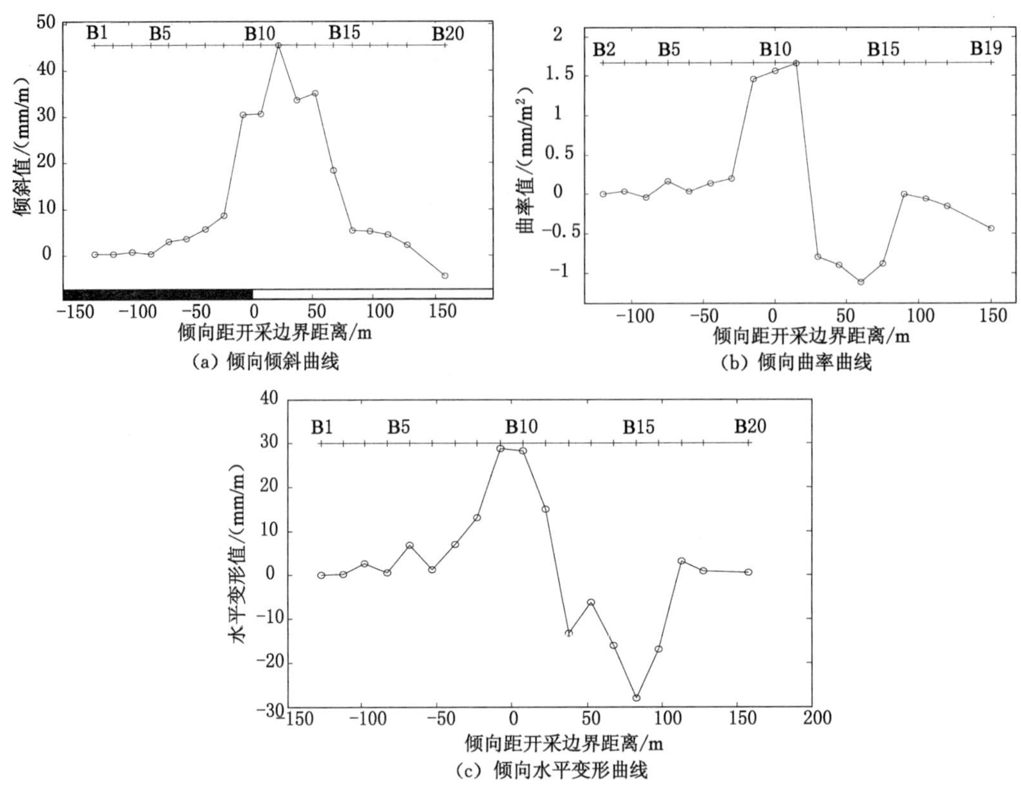

图 3-7 倾向移动角求取

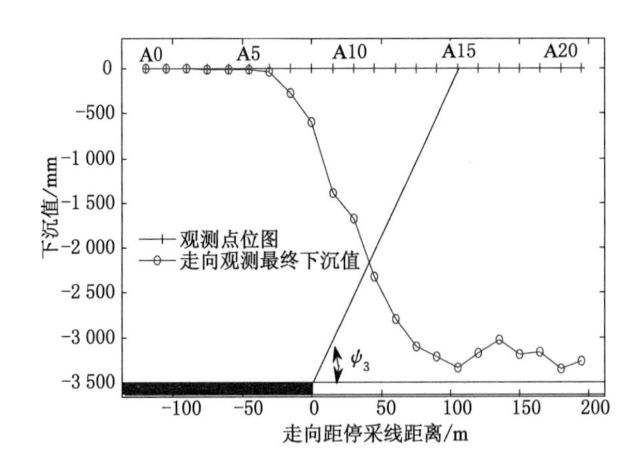

图 3-8 走向充分采动角求取

表 3-6 实测角量参数

观测线方向	边界角/(°)	移动角/(°)	充分采动角/(°)
走向	47.3	65.3	51.0
倾向	43.9	60.0	47.2
平均	45.6	62.7	49.1

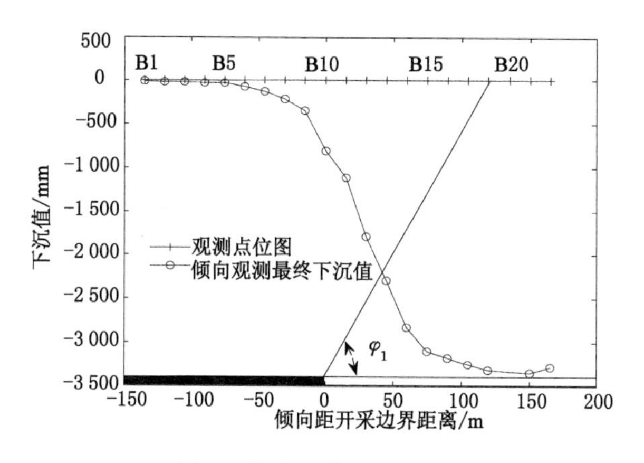

图 3-9 倾向充分采动角求取

3.1.4　动态移动规律及参数分析

(1) 动态下沉数据分析

在 2013 年 11 月 12 日至 2014 年 9 月 27 日时间段内总共进行了 11 次观测。实测的下沉和水平移动数据成图后如图 3-10 和图 3-11 所示。其中,图 3-10 所示为 22407 工作面走向下沉和水平移动曲线,图 3-11 所示为 22407 工作面倾向下沉和水平移动曲线。

从图 3-10 和图 3-11 中可以看出,地表动态下沉曲线和水平移动曲线符合开采沉陷的一般规律,但由于其开采的高强度性,地表下沉盆地快速形成。较常规而言,下沉快,以走向观测站为例,在 9 天时间内下沉值达到 2 848 mm。

(2) 超前影响距

根据超前影响的定义,在下沉曲线图上求得工作面前方地表下沉 10 mm 的点,并综合分析求得 2014 年 1 月 5 日、2014 年 1 月 7 日、2014 年 1 月 9 日三天的超前影响距,如表 3-7 所示。

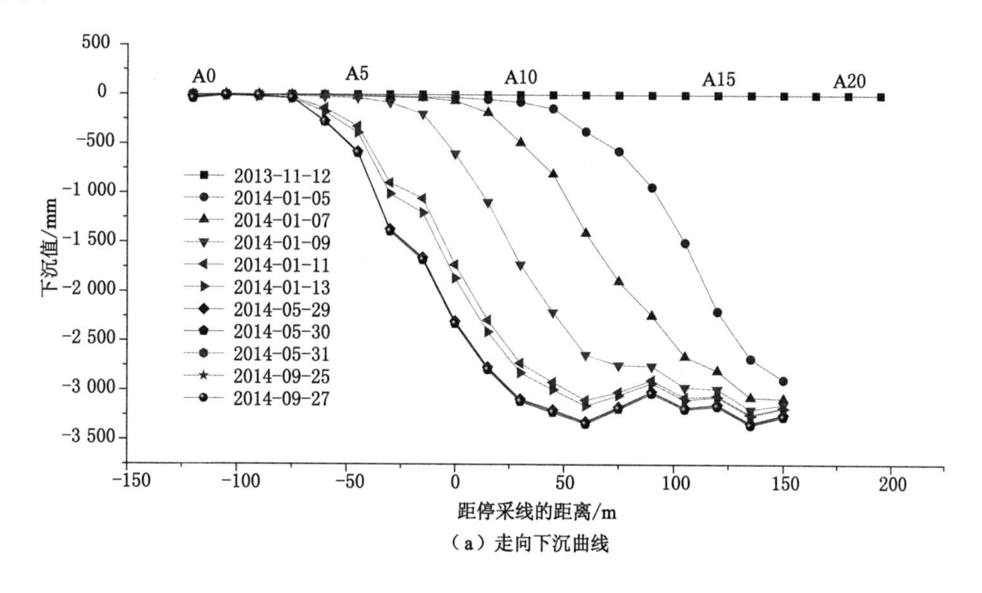

(a) 走向下沉曲线

图 3-10　地表走向移动变形曲线

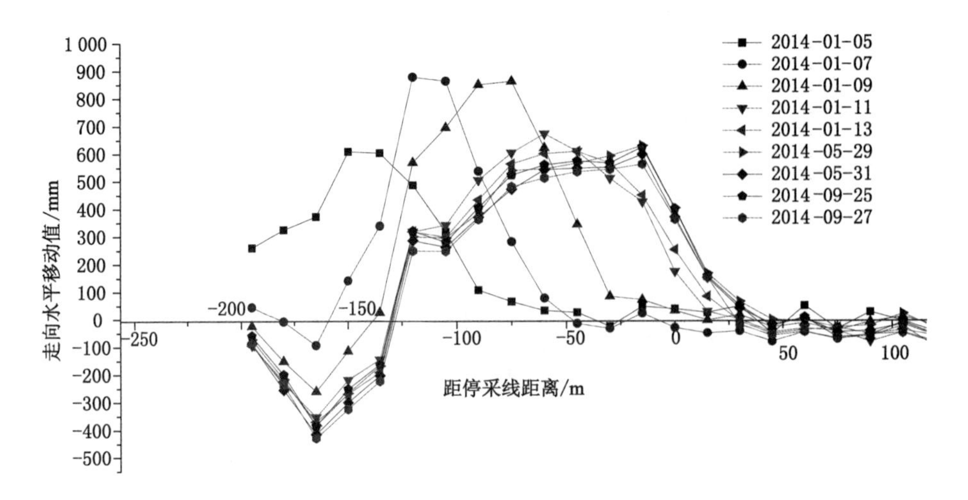

（b）走向水平移动曲线

图 3-10(续)

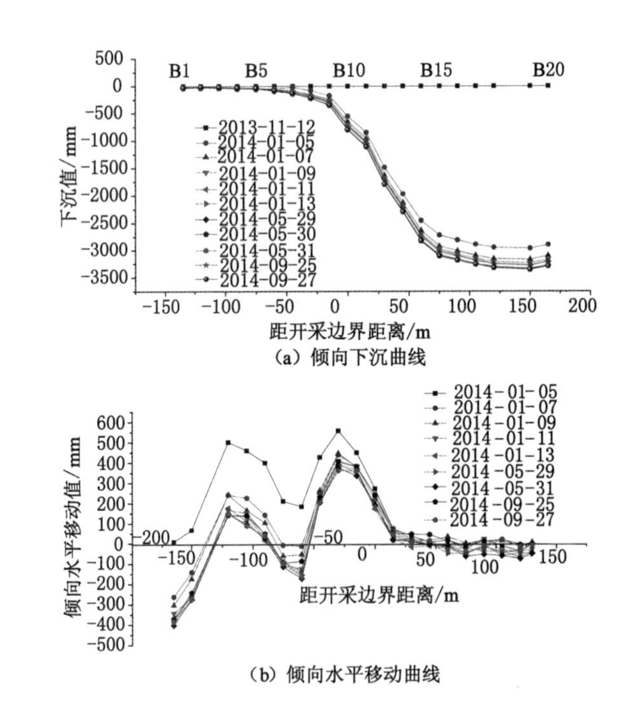

图 3-11　地表倾向移动变形曲线

表 3-7　超前影响距

日　期	2014-01-05	2014-01-07	2014-01-09	平均值
超前影响距/m	95	83	67	82

超前影响角的计算公式为：

$$\omega = \text{arccot}\,\frac{l}{H_0} \tag{3-1}$$

超前影响距取 82 m，平均采深为 130 m，经计算，超前影响角为 57.8°。

（3）最大下沉速度

由下沉值推算出的各个观测点在各个时间点的下沉速度如图 3-12 所示。

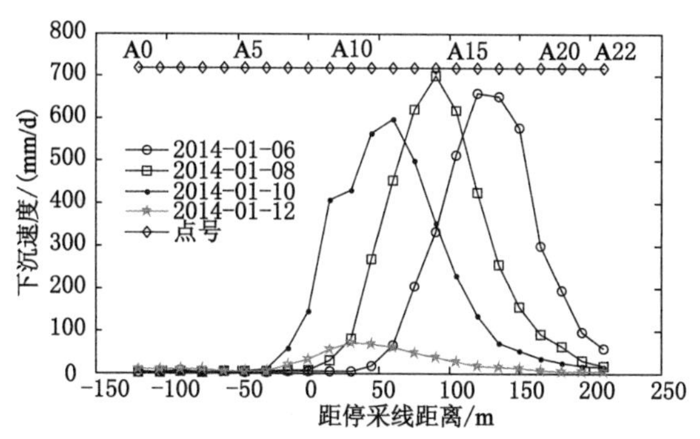

图 3-12　各个观测点的下沉速度曲线

从图 3-12 中可以看出，下沉速度曲线的峰值随着时间向前不断推移，但其总是滞后于回采工作面一段距离，经与回采进度进行对比分析，得出最大下沉速度滞后距约为 57 m，最大下沉速度滞后角计算公式为：

$$\varphi = \text{arccot}\,\frac{L}{H_0} \tag{3-2}$$

式中　L——最大下沉速度滞后距，57 m；

　　H_0——平均采深，130 m。

经计算，最大下沉速度滞后角约为 66.3°。

下沉最大的 A14 点的移动变形曲线如图 3-13 所示。

如图 3-13 所示，最大下沉点的最大下沉速度为 700.5 mm/d，最大水平移动速度为 295 mm/d，在 2014 年 1 月 7 日至 9 日两天时间内下沉了 1 401 mm，2014 年 1 月 6 日至 8 日两天时间内水平移动了 590 mm，其间地表移动变形非常大。

最大下沉速度计算公式为：

$$v_m = K\,\frac{C}{H_0}W_{fm} \tag{3-3}$$

式中　C——工作面推进速度；

　　W_{fm}——最大下沉值；

　　H_0——平均采深。

经计算，$K=1.82$。

由于工作面的基岩采厚比远远小于 30，且基岩较薄，松散层较厚，因此工作面上方的非连续性变形将十分剧烈。

3.1.5　地表损坏类型及其发育规律

近水平煤层高强度开采工作面采深采厚比小，地表非连续性变形发育充分。非连续性

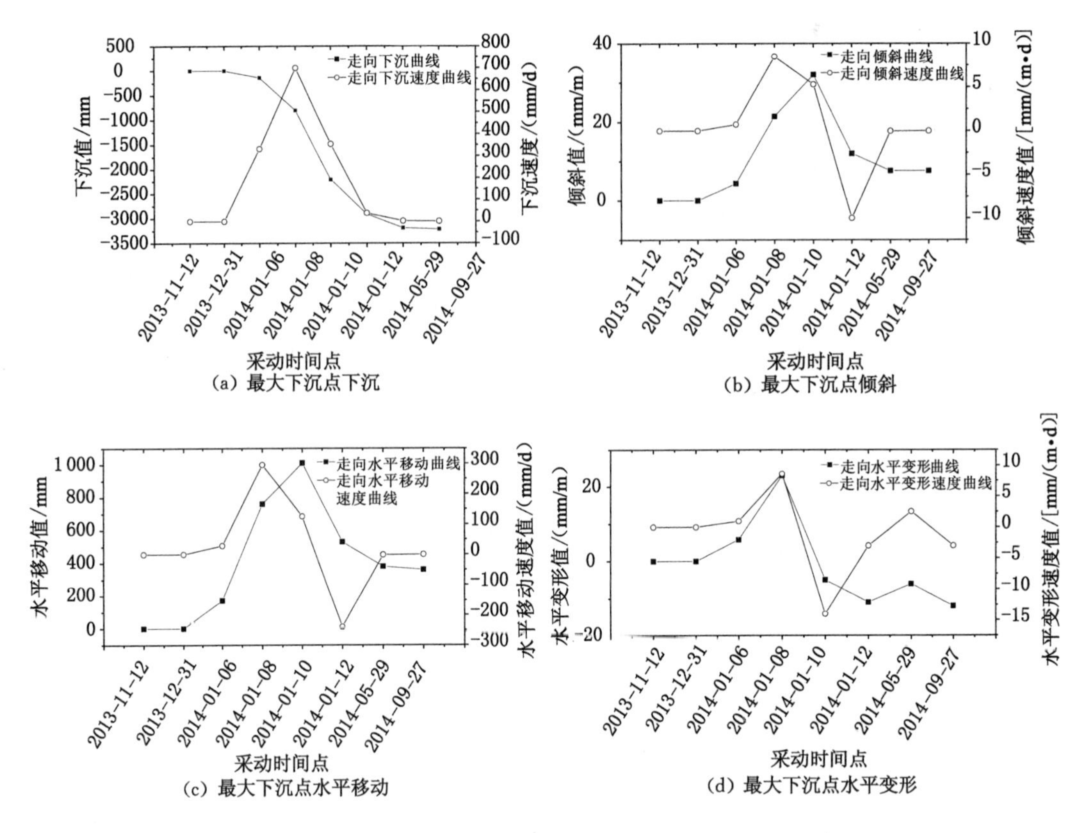

(a) 最大下沉点下沉
(b) 最大下沉点倾斜
(c) 最大下沉点水平移动
(d) 最大下沉点水平变形

图 3-13　最大下沉点动态移动变形速度曲线

变形类型主要有塌陷坑和裂缝等,裂缝分为永久性裂缝和动态性裂缝两种。下面分别对其进行分析。

(1) 裂缝分类

根据非连续性变形的形态,将裂缝分为拉伸型裂缝、塌陷型裂缝和滑动型裂缝三种。工作面上方出现的非连续性变形主要是这三种类型,如图 3-14 所示。其中拉伸型裂缝和塌陷型裂缝为动态性裂缝,滑动型裂缝为永久性裂缝。

(2) 裂缝分布特征

经对工作面上方地表裂缝变形进行现场调查与测量发现,其分布特征呈现如下特征:

① 拉伸型裂缝密度大,但宽度较小

由于采深为 130 m,本次设站间距为 15 m。现场实测发现,覆岩主关键层周期破断时导致地面出现成组微裂缝,在工作面上方附近,两个测站之间拉伸型裂缝的数量基本上都在 15 条以上,密度大,且分布错综复杂。但其宽度较小,以 1～3 cm 宽度的裂缝为主。最大裂缝发育在被压实的路面上,如图 3-15 所示,路面裂缝宽度为 20 mm 左右。其主要原因在于风积沙的广泛分布。

② 塌陷型裂缝落差较大且具有一定分布规律

由于工作面煤层埋藏较浅,上覆岩层构造较为简单,在顶板基本顶破断后上覆岩层易整体垮落,形成塌陷型裂缝。现场实测发现,在部分区域,由于组合关键层周期破断后其破断

(a) 拉伸型裂缝

(b) 塌陷型裂缝

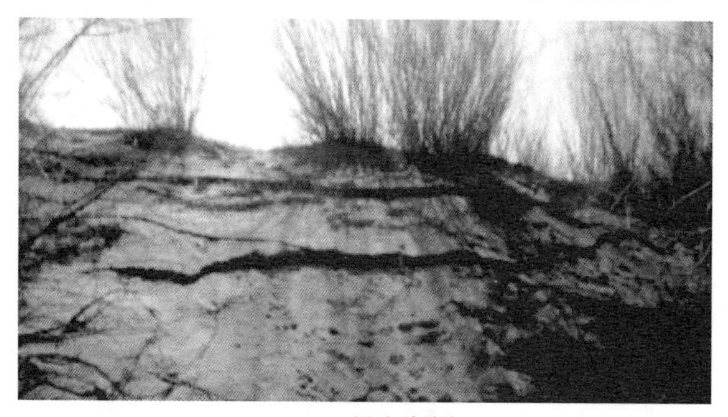

(c) 滑动型裂缝

图 3-14　裂缝类型示意图

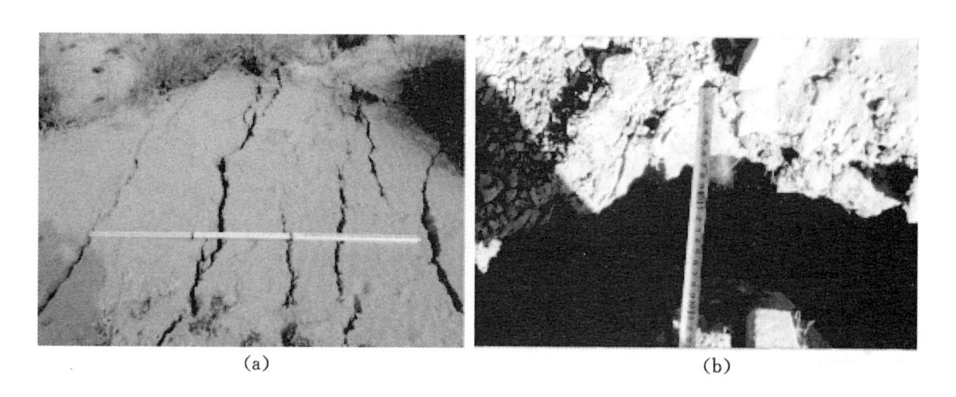

(a)　　(b)

图 3-15　裂缝宽度示意图

结构块体失稳导致地面出现台阶状下沉，塌陷型裂缝的落差较大，如图 3-14(b)所示，该塌陷型裂缝的落差为 40 cm。且沿走向主断面分布具有一定的规律，现场实测两条塌陷型裂缝之间的距离通常为 8～11 m。

(3) 裂缝发育规律

神东矿区近水平煤层高强度开采地表动态裂缝主要有以下 3 类发育特征。

① 地表台阶型裂缝滞后于工作面推进位置

基岩破坏沿基岩破断角方向向上发育，在松散层中近似以垂直方向向上发育，直达地表形成台阶型裂缝。地表裂缝及其位置分布如图 3-16 所示。台阶型裂缝滞后于工作面推进位置，该段距离称为台阶型裂缝滞后距，相应角值称为台阶型裂缝滞后角。台阶型裂缝滞后距和台阶型裂缝滞后角的计算公式如式(3-4)和式(3-5)所示：

$$L_t = H_j \times \cot \gamma \tag{3-4}$$

$$\varphi = \arctan \frac{L_t}{H_0} \tag{3-5}$$

式中　L_t——台阶型裂缝滞后距，m；

φ——台阶型裂缝滞后角，(°)；

H_j——基岩厚度，89 m；

H_0——平均采深，131 m；

γ——基岩破断角，(°)。

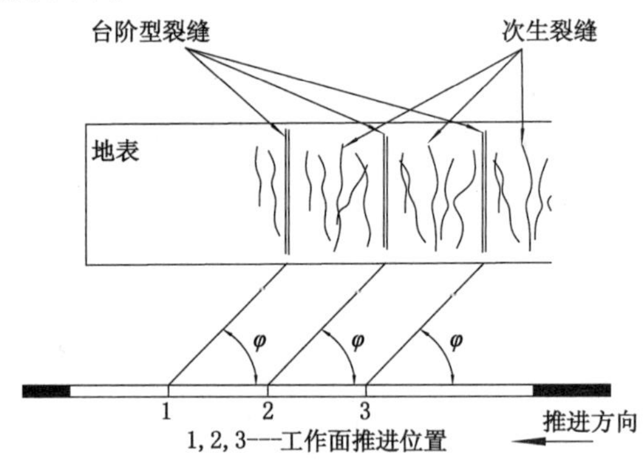

图 3-16　地表裂缝及其位置分布

由相似模拟实验测得工作面侧基岩破断角为 52°～57°，取平均值 55°作为基岩破断角。根据式(3-4)和式(3-5)计算得到的台阶型裂缝滞后距为 62.3 m，台阶型裂缝滞后角为 64.6°。计算结果与实测相符。22407 工作面实测台阶型裂缝与工作面的相对位置如表 3-8 所示。

表 3-8　台阶型裂缝与工作面的相对位置

日期	工作面距停采线的水平距离/m	最外侧的台阶型裂缝距停采线的水平距离/m	最外侧的台阶型裂缝距工作面的水平距离/m
2014-01-06	77～94	146	52～69
2014-01-08	40～60	117	57～77
2014-01-10	3～19	78	59～75

② 地表台阶型裂缝的间距与周期来压步距相当

随着矿压的周期性显现，裂缝在上覆岩层中沿着基岩破断角方向、在松散层中以近乎垂直方向向上发育，直达地表，因此地表周期性出现台阶型裂缝。地表台阶型裂缝间距与周期来压步距一致。例如，实测台阶型裂缝沿工作面推进方面的间距为 8～11 m，而周期来压步距约为 10 m，两者基本一致。

③ 动态裂缝具有一定的自动修复功能

工作面推进过去后，裂缝在风力和岩层移动的综合作用下自动愈合。愈合后测得的裂缝图如图 3-17 所示。

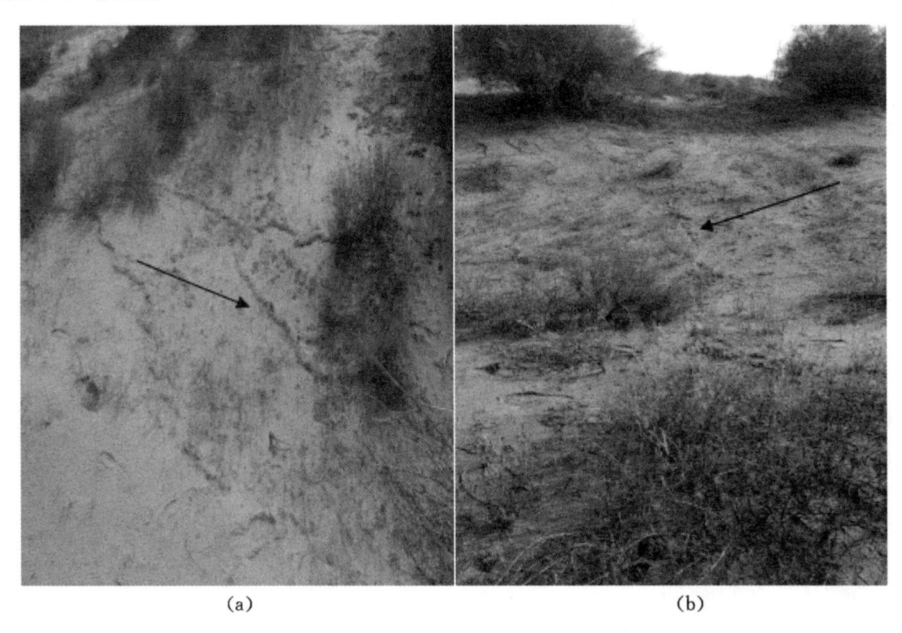

(a)　　(b)

图 3-17　裂缝愈合图

(4) 漏斗状塌陷坑

漏斗状塌陷坑常伴随矿井溃沙事故而在开切眼或停采线附近的地表显现。当基岩较薄时，在开切眼或停采线附近易形成贯通性裂缝；且矿区地表大多为风积沙所覆盖，为水沙混合体提供导水通道，易发生溃水溃沙事故，从而导致在开切眼或停采线附近地表形成漏斗状塌陷坑。图 3-18 所示为哈拉沟煤矿 22402 工作面于 2010 年在距开切眼 38 m 处发生溃沙事故时地表产生的漏斗状塌陷坑。塌陷坑直径为 47 m，深度为 12 m。

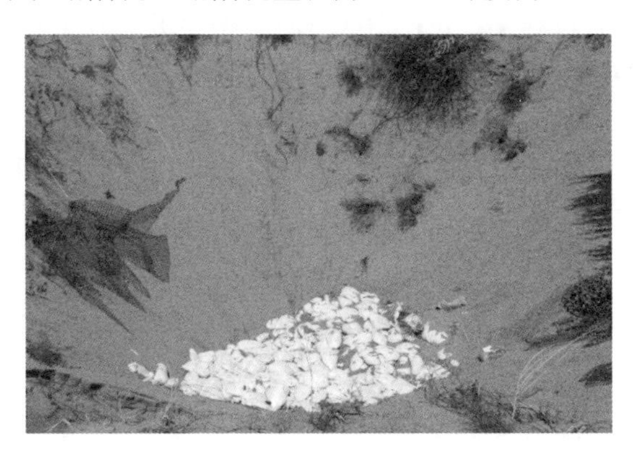

图 3-18　漏斗状塌陷坑实例

3.1.6　地表移动的偏态性分析

(1) 曲线形态描述指标及其含义

曲线形态主要取决于数据分布的对称程度和集中程度。在曲线形态描述过程中，常用偏度系数描述曲线分布的对称程度，峰度系数描述曲线分布的集中程度。偏度系数 α 可用式(3-6)计算：

$$\alpha=\frac{\sum (x-u)^4}{\sigma^4} \tag{3-6}$$

式中 u——平均值；

σ——标准差。

偏度系数的含义可概括如下：

$$\begin{cases}\alpha<0 & \text{曲线呈左偏偏态分布}\\ \alpha=0 & \text{曲线呈左右对称的正态分布}\\ \alpha>0 & \text{曲线呈右偏偏态分布}\end{cases}$$

α 的绝对值越大，曲线偏态分布程度越严重。

峰度系数 β 可用式(3-7)计算：

$$\beta=\frac{\sum (x-u)^3}{\sigma^3}-3 \tag{3-7}$$

峰度系数的含义概括如下：

$$\begin{cases}\beta<0 & \text{数据分散分布，曲线呈扁平形态}\\ \beta=0 & \text{曲线符合正态分布}\\ \beta>0 & \text{数据集中分布，曲线呈尖峰形态}\end{cases}$$

当曲线符合正态分布时，偏度系数和峰度系数都为 0；而曲线符合偏态分布时，偏度系数和峰度系数将偏离零值，且偏离程度越大，曲线偏态性越严重。

(2) 下沉速度曲线形态的实测分析

达到充分采动后，下沉速度达到该地质采矿条件下的最大值，工作面继续推进，下沉速度曲线形态基本保持不变，且曲线与工作面的相对位置基本不变，下沉速度曲线有规律性地向前移动。而其他开采时段的下沉速度曲线分布则无此明显的规律性。所以本书仅对充分采动阶段的下沉速度曲线分布规律进行分析研究。

选取神东矿区哈拉沟煤矿 22407 工作面为研究对象。对观测站每隔一天测量一次。图 3-19 所示为获得的三期充分开采阶段的实测下沉速度曲线。对下沉速度曲线进行正态分布的适合度检验，其结果见表 3-9。

表 3-9 曲线正态分布适合度检验结果

日期	峰度系数	偏度系数
2014-01-06	0.5	1.2
2014-01-08	0.5	1.2
2014-01-10	0.1	1.1

由表 3-9 可知，各期下沉速度曲线的偏度系数为正，且其绝对值较大，所以下沉速度曲线严重偏离正态分布，且为右偏偏态分布。结合工作面开采实际情况可知，下沉速度曲线偏向采空区一侧，即采空区侧下沉速度曲线较陡，工作面侧下沉速度曲线较缓。

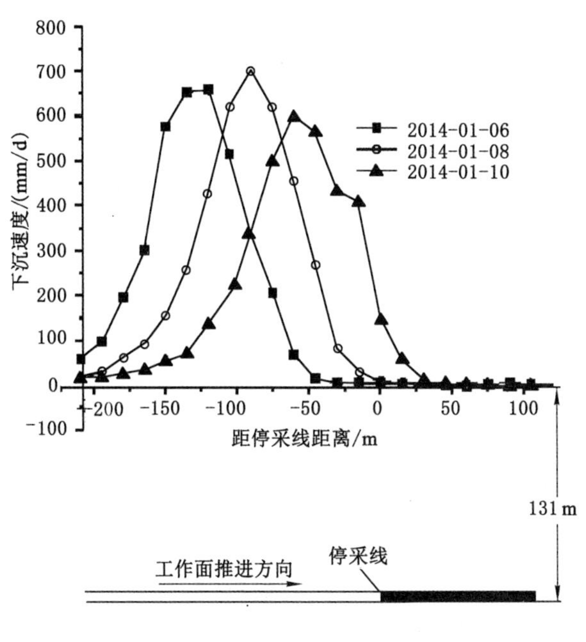

图 3-19　实测下沉速度曲线

3.2　近水平煤层高强度开采地表移动实测规律矿区尺度分析

3.2.1　神东矿区地质采矿条件概况

神东矿区处于陕北黄土高原与毛乌素沙漠接壤地带，位于内蒙古自治区鄂尔多斯市和陕西省榆林市，是我国亿吨级煤炭生产基地。矿区内分布众多千万吨级煤炭生产矿井，其生产能力分布如图 3-20 所示。

矿区地层走向大致呈 NNE 向，只是在大柳塔—石圪台地区地层走向为 NNW 向，倾向呈 SWW 向，矿区地层由老至新依次分布侏罗系下统富县组(J_1)、中-下统延安组($J_{1\text{-}2}$)、中统直罗组(J_2)和安定组(J_2)、新近系及第四系。每一地层单位的岩性如表 3-10 所示。

表 3-10　矿区地层岩性表

地层单位				地层符号	厚度(最小至最大)/m	岩性描述
系	统	组	段			
第四系	全新统			Q_4	0～25	风积沙 1～20 m，冲洪积砂砾石 1～10 m，湖积砂黏土泥炭等 1～15 m
	上更新统	马兰组		Q_3m	0～40	浅黄色含砂质，中部夹钙质结核
新近系	上新统			N_2	0～100	上部以红色、黄色粉砂岩，砂质泥岩为主。中部夹钙质结核。下部为灰色、棕黄砂砾岩，夹有砂岩透镜体

表 3-10(续)

地层单位				地层符号	厚度(最小至最大)/m	岩性描述
系	统	组	段			
侏罗系-白垩系	上侏罗-下白垩统	东胜组		J_3-K_1zh_2	0～209	上部为浅红色、棕红色含砂砾岩与砾岩互层。下部以黄色及黄绿色砾岩为主,具大型交错层理和平行层理
		伊金霍洛旗		J_3-K_1zh_1	0～433	上部为深红色泥岩和褐红色细粒砂岩。中部为棕红色具大型交错层理的中粗粒砂岩。下部为灰绿色、褐红色砾岩
侏罗系	中统	安定组		J_2a	11～358	上部为紫色、浅红色、灰绿色泥岩,中部为黄色、灰白色块状中粗粒砂岩,下部为紫红色砂质泥岩,粉砂岩,含1号煤组
		直罗组		J_2z		
	中-下统	延安组	三岩段	$J_{1-2}y_3$	40～60	以砂岩和粉砂岩为主。其次为泥岩、砂质泥岩和煤层。含煤层较多,厚度变化大,含2号煤层
			二岩段	$J_{1-2}y_2$	60～80	以浅灰色砂岩、粉砂岩、砂质泥岩为主,含3、4号煤组
			一岩段	$J_{1-2}y_1$	60～80	以砂岩、粉砂岩和砂质泥岩为主,底部为含砾石英砂岩,含5、6、7号煤组
	下统	富县组		J_1f		上部为泥岩和中粗粒砂岩。中下部为泥岩互层,含薄煤层

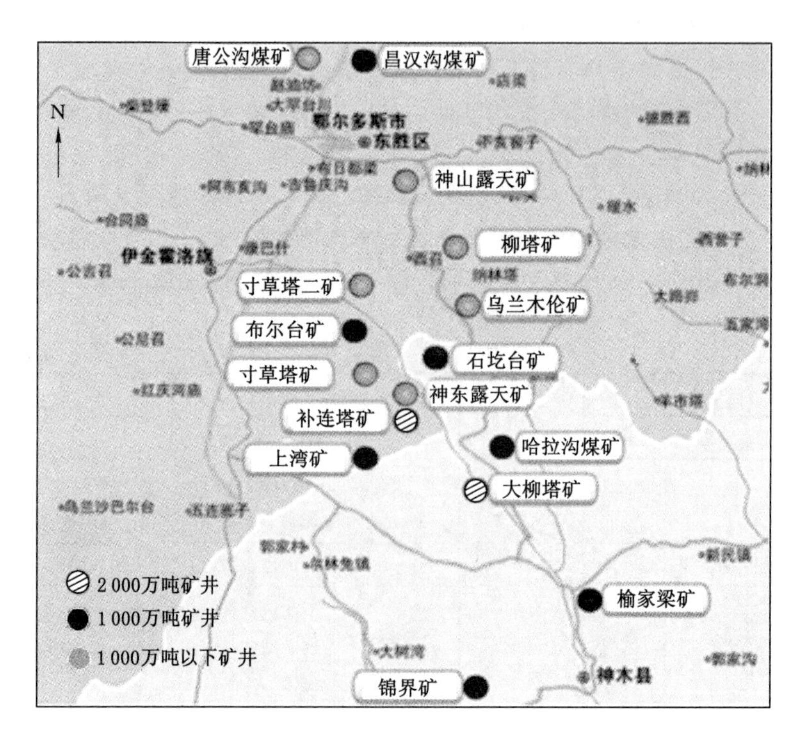

图 3-20　矿区矿井生产能力分布

在矿区内分布最广的3层可采煤层中，煤层顶板岩层多为砂岩，夹有少量泥岩，构造简单。其中2-2、4-2煤层顶板以中等垮落顶板为主，3-1煤层顶板则主要为难垮落和中等垮落顶板；煤层底板主要为粉砂岩和砂质泥岩，夹有少量泥岩，主要属于中硬、坚硬性底板，稳定性较好。矿区资源丰富，煤层赋存稳定、埋藏较浅，煤层较厚、煤质优良，地质条件简单。目前主采煤层埋深大多在300 m以内，采厚基本大于3.5 m，矿区大多数工作面都属于近水平煤层高强度开采工作面。通过搜集相关资料，获得矿区部分近水平煤层高强度开采工作面的基本地质条件如表3-11所示。

表3-11　矿区工作面基本地质条件

矿名	工作面名称	走向长/m	倾向长/m	平均采深/m	采厚/m	煤层倾角/(°)	松散层厚度/m	推进速度/(m/d)
大柳塔	52304工作面	4 547	301	225	6.9	0～2	30	6.8
大柳塔	52305工作面	2 881	281	234	7.3	1～3	30	9
补连塔	31401工作面	4 629	265	255	4.2	1～3	5～25	14
补连塔	32301工作面	5 220	301	212	5.7	2	—	9.2
补连塔	12406工作面	3 592	301	200	4.8	1～3	17	12
哈拉沟	22407工作面	3 224	284	130	5.3	1	30	15
韩家湾	2304工作面	1 800	268	135	4.1	2～4	65	10
察哈素	31305工作面	2 706	300	145	4.9	1.5～5	0～5	10
上湾	51101工作面	4 000	240	146	5.5	1～3	10～31	19
平均值		3 322	271	173	5.0	1.8	31	10.9

从表3-11中可以看出，以上工作面具有近水平、大采面、大采高、埋藏较浅、推进速度快等特点，均属于近水平煤层高强度开采工作面。下面结合搜集到的相关工作面资料，对近水平煤层高强度开采地表移动实测规律进行分析。

3.2.2　近水平煤层高强度开采地表移动参数实测分析

近水平煤层高强度开采工作面由于埋深浅、采厚大、工作面宽、推进速度快，其移动变形具有下沉程度大、变形剧烈、从顶板破断到地表损坏反应时间快等特点。

3.2.2.1　概率积分法预计参数

参考相关文献，各个工作面的概率积分法预计参数如表3-12所示。

表3-12　神东矿区概率积分法参数

生产矿井	下沉系数	主要影响角正切值	拐点偏移距/m	水平移动系数	开采影响传播角/(°)
哈拉沟煤矿 22407工作面	0.65	1.6	$0.21H_0$～$0.23H_0$ (27.0～30.0)	0.41	89.2
补连塔矿 31401工作面	0.54	4.9	$0.10H_0$～$0.14H_0$ (20.9～28.9)	0.13	—

表 3-12(续)

生产矿井	下沉系数	主要影响角正切值	拐点偏移距/m	水平移动系数	开采影响传播角/(°)
补连塔矿 32301 工作面	0.54	3.4	0.10H_0～0.14H_0 (20.9～28.9)	0.16	—
补连塔矿 2211 工作面	0.65	2.4	0.35H_0/38.0	0.37	85.6
补连塔矿 12406 工作面	0.45	2.2	0.11H_0/23.0	—	84.5
榆家梁矿 45101 工作面	0.60	2.0	0.39H_0/36.0	0.30	—
孙家沟矿	0.58	2.4	0.10H_0/26.0	0.11	—
活鸡兔矿	0.73	2.0	0.23H_0/20.0	0.33	89.0
大柳塔矿	0.59	2.7	0.35H_0/20.4	0.29	89.5
乌兰木伦矿	0.78	1.9	0.22H_0/20.4	0.44	89.8

从表 3-12 中可以看出,神东矿区近水平煤层高强度开采工作面的概率积分法预计参数基本符合我国开采沉陷的一般规律。为了进一步分析风积沙区高强度开采条件下的概率积分法预计参数特性,将我国不同地质采矿条件下的概率积分法预计参数一并列出,进行对比分析,对比情况如表 3-13 所示。

表 3-13　神东矿区概率积分法参数与其他矿区概率积分法参数对比

矿区参数及差值		下沉系数	主要影响角正切值	拐点偏移距与采深比值	水平移动系数	开采影响传播角/(°)	地质采矿条件
神东矿区		0.50～0.70	1.6～2.4	0.21～0.23	0.29～0.44	84.5～89.5	浅埋深、风积沙区、厚松散层、高强度开采
开滦矿区	参数	0.80～0.98	1.6～2.4	0.10～0.01	0.20～0.35	79.0～82.0	厚松散层深部开采
	与神东矿区角量差值	-0.25～-0.30	几乎为零	0.1～0.2	0.1～0.2	5.0～7.0	
潞安矿区	参数	0.75～0.90	2.0～3.5	0.1～0.03	0.20～0.35	82.0～83.0	厚松散层薄基岩浅埋深综放开采
	与神东矿区角量差值	-0.20～0.30	-0.4～-1.0	0.1～0.2	0.1～0.2	1.0～2.0	
新汶矿区	参数	0.50～0.70	2.0～3.0	0.1～0.05	0.25～0.35	80.0～85.0	厚基岩深部综放开采
	与神东矿区角量差值	几乎为零	-0.4～-0.6	0.1～0.22	0.05～0.20	4.0～6.0	
平煤矿区	参数	0.70～0.78	1.9～2.7	0.1～0.05	0.20～0.35	75.0～82.0	薄松散层厚基岩普采
	与神东矿区角量差值	-0.20～-0.30	-0.3～-0.5	0.1～0.15	0.1～0.2	6.0～8.0	

由表 3-13 可知,在风积沙区高强度开采条件下,概率积分法预计参数呈现出自身特殊规律,具体如下:

(1) 下沉系数整体偏小

由表3-12、表3-13可知，在风积沙区高强度开采条件下，神东矿区下沉系数主要介于0.50～0.70之间，相对偏小。主要原因分析如下：

① 高强度开采条件下直接顶的影响分析。高强度开采工作面直接顶和基本顶主要由中细砂岩(f=10)和粉细砂岩(f=7.3)组成，其综合坚固性系数 f 为9.3，属较硬岩性。在高强度开采条件下，工作面每天推进15 m，推进速度非常快，造成直接顶板在较短时间内出现大面积悬空现象。在自重力及上覆岩层的作用下，直接顶发生了向下的移动和弯曲。当其内部拉应力超过岩层的抗拉强度极限时，直接顶岩层垮落充填采空区。由于中硬岩石的碎胀系数较大(碎胀系数达到1.5左右)，限制了垮落带的发展速度与发展空间。

② 高强度开采条件下基本顶的影响分析。高强度开采工作面采厚为5.4 m，垮落带高度为10 m左右，其垮采比为1.9～2.2。垮落带上方岩层在垮落岩堆的支托下，以悬梁弯曲的形式沿层理面法线方向移动和弯曲。随着工作面的快速推进，直接顶的悬梁越来越长，顶板下沉速度逐渐增加，到达一定程度时，产生了断裂、离层，进而影响到基本顶，基本顶出现断裂、离层现象，产生了顺层理面的离层裂缝。覆岩中离层裂缝的存在，以及垮落带岩石的碎胀、空隙等因素共同作用，进一步限制了上部岩层的移动。

(2) 水平移动系数整体偏大

松散层厚度在覆岩中所占比例较大，加之松散层上部较厚的风积沙具有流变和蠕变特性，风积沙自动填充下沉空间与下沉盆地，从而使水平移动系数随松散层厚度增大而增大。

(3) 主要影响角正切偏小

研究区开采深度较浅，同时受松散层上部厚层风积沙的影响，地表移动变形影响范围进一步扩大，主要影响半径 r 得以增大。因此，主要影响角正切偏小。

(4) 拐点偏移距与开采深度之比较大

拐点偏移距与开采深度的比值较大的原因在于，神东矿区上覆岩层构造简单，主要以较硬的灰色中粒石英砂岩为主。由钻孔柱状图可知，直接顶厚6.7 m，即坚硬的细粒砂岩限制了覆岩移动变形，使得下沉曲线上拐点位置偏移于煤壁正上方，偏向采空区。同时，神东矿区煤层埋藏浅，造成拐点偏移距与开采深度之比(s/H)呈现出较大的特点。

(5) 开采影响传播角 θ_0 偏大

开采影响传播角 θ_0 大小主要与煤层倾角和上覆岩层岩性有关。从表3-7中可以看出，神东矿区开采影响传播角 θ_0 在84.5°～89.5°之间，整体偏大。开采影响传播角较大的主要原因是神东矿区煤层倾角较小。

3.2.2.2 角量参数

通过查阅相关文献，得到的各个近水平煤层高强度开采工作面的相关角量参数如表3-14所示。

表3-14　工作面角量参数

工作面名称	边界角/(°)	移动角/(°)	最大下沉角/(°)	充分采动角/(°)	超前影响角/(°)
大柳塔矿1203工作面	64	69	90	54	64
大柳塔矿52304工作面	42.5	—	—	—	—
大柳塔矿52305工作面	53	83	89	71	65
补连塔矿12406工作面	45	81.7	—	—	—

表 3-14(续)

工作面名称	边界角/(°)	移动角/(°)	最大下沉角/(°)	充分采动角/(°)	超前影响角/(°)
哈拉沟煤矿 22407 工作面	45.6	62.7	86.9	49.1	57.8
乌兰木伦矿 2207 工作面	67	70	90	57	82
平均值	53	73.3	89	57.8	67.2

从表 3-14 中可以看出，神东矿区近水平煤层高强度开采工作面的参量参数基本符合我国开采沉陷的一般规律，但存在边界角偏小等问题。为了进一步分析风积沙区高强度开采条件下的角量参数，将我国不同地质采矿条件下的角量参数列出进行对比分析，具体如表 3-15 所示。

表 3-15　神东矿区角量参数与其他矿区角量参数对比

矿区参数及差值		边界角/(°)	移动角/(°)	充分采动角/(°)	最大下沉角/(°)	裂缝角/(°)	地质采矿条件
神东矿区		47～57	60～75	51～60	89～90	72～90	浅埋深、风积沙区高强度开采
开滦矿区	参数	43～50	61～77	45～52	82～84	62～85	厚松散层深部开采
	与神东矿区角量差值	3～7	−1～−2	5～8	5～7	10～15	
潞安矿区	参数	45～55	63～79	47～54	86～88	67～85	厚松散层薄基岩浅埋深综放开采
	与神东矿区角量差值	2～3	−3～−4	4～6	2～3	5～6	
新汶矿区	参数	52～67	58～72	48～55	82～85	68～82	厚基岩深部综放开采
	与神东矿区角量差值	−5～−10	2～3	3～5	4～8	4～8	
平煤矿区	参数	53～70	58～68	47～50	80～85	62～80	薄松散层厚基岩普采
	与神东矿区角量差值	−6～−12	2～7	5～10	6～8	8～10	

(1) 边界角特性分析

① 从表 3-15 中可知，与开滦矿区深部开采条件、潞安矿区厚松散层浅埋深开采条件相比，边界角均偏大。

主要原因是：在高强度开采条件下的采深较浅，采厚较大。在工作面快速推进过程中，直接顶不断垮落，随着关键层整体断裂，覆岩出现整体剪切破坏情况。高强度采动时覆岩较薄，影响到覆岩上方的松散层和风积沙层，造成地表移动变形异常集中，下沉盆地迅速形成，地表下沉盆地收敛很快。

② 从表 3-15 中可知，与新汶矿区厚基岩深部开采条件、与平煤矿区薄松散层厚基岩普采条件相比，边界角偏小。

神东矿区地表覆盖 6～20 m 厚的风积沙层，而风积沙具有明显的非塑性，其蠕动性和流动性较强。受到采动影响时，在风积沙形成的下沉盆地中下沉值为 10 mm 位置处的开采影响边界离采空区较远，所以边界角呈现较小趋势。

应该指出的是，分析神东矿区厚风积沙覆盖、高强度开采条件下的实测资料发现，在地表下沉10 mm点处（即边界点处），地表移动变形显现仍旧较为明显，存在的移动变形影响因素不容忽视。因此，在厚风积沙覆盖、高强度开采条件下，在进行开采影响边界划分以及进行建（构）筑物采动防护时应充分考虑这一特性。为了保证地表建（构）筑物安全，建议在参考表3-15中角量参数的基础上，在边界角值取值时应减小2°～5°使用。

（2）移动角特性分析

通过分析地表移动观测站资料发现，在所有移动变形值中，水平值为2 mm/m的临界变形值观测站总是距离开采边界最远，即总为影响边界的最外侧临界变形值点。所以在本次研究中以水平变形临界值2 mm/m求取移动角。

从表3-15中可知，与不同地质采矿条件相比，高强度开采条件下的移动角呈现一定的自身特征，具体分析如下：

① 与开滦矿区深部开采条件、与潞安矿区厚松散层浅埋深开采条件相比，移动角偏小。

主要原因是：神东矿区的上覆岩层中松散层所占比例较大，基岩相对较薄。以哈拉沟煤矿为例，松散层厚度为55.5 m，松散层厚度达到整个采深的42%。在高强度开采条件下，原岩应力重新分布，附加应力不仅影响到采场周围的岩体，而且还波及厚松散层及其风积沙层，造成地表移动变形范围较远，所以移动角值较小。

② 与新汶矿区厚基岩深部综放开采条件、平煤矿区薄松散层厚基岩普采条件相比，移动角均偏大。

主要原因是：在高强度开采条件下，地表移动变形极为剧烈，在开采过程中周期来压明显，工作面上方基本顶剪切应力大，工作面沿煤壁整体切落，覆岩上部厚松散层随着基岩破断整体下沉，造成引起地表移动变形的危险边界范围较小。

（3）充分采动角偏大

在风积沙区高强度开采条件下，开采工作面走向与倾向长度较大，埋深较浅，走向和倾向方向均达到了超充分采动状态，地表移动盆地的平底范围较大，从而造成充分采动角较大。特别是与深部开采条件下地质采矿条件相比，这种特点尤其突出。

（4）最大下沉角偏大

最大下沉角偏大的主要原因是该地区煤层倾角较小。

（5）裂缝角偏大

裂缝角偏大的主要原因是，在风积沙区高强度开采条件下，地表下沉量与下沉速度急剧增大。随着基本顶破断，出现上覆岩层与地表基本同步垮落的现象。同时，基岩上方第四纪厚松散层的存在导致其抗拉伸能力较低，致使厚松散层中（尤其在风积沙中）存在贯通性较好的垂直裂缝，最终在土层中形成了结构弱面。受高强度采动的影响，弱面迅速扩展沟通，形成了联通性较强的沟通裂隙，阻滞了松散层中移动变形向外继续传递，从而使得裂缝不断地扩张加宽。

3.2.3　神东矿区地表动态移动变形参数

基于观测站实测资料分析，通过查阅相关文献，得到神东矿区部分近水平煤层高强度开采条件下的地表动态移动变形参数，如表3-16所示。

表 3-16　神东矿区部分近水平煤层高强度开采矿井动态参数

生产矿井	起动距/m	超前影响距/m	超前影响角/(°)	最大下沉速度/(mm/d)	最大下沉速度滞后距/m	最大下沉速度滞后角/(°)
哈拉沟煤矿	$0.08H_0$～$0.12H_0$/(10～13 m)	$0.63H_0$ (82 m)	57.8	700.5	$0.44H_0$ (57 m)	66.3
补连塔矿	$0.25H_0$	$0.27H_0$ (70.0 m)	75.0	600.0	$0.23H_0$	76.8
榆家梁矿	—	$0.79H_0$ (72.0 m)	79.0	—	—	—
活鸡兔矿	—	$0.54H_0$ (47.0 m)	63.3	269.0	38.2	63.4
大柳塔矿	$0.21H_0$ (12 m)	$0.45H_0$ (26.3 m)	64.0	130.0	$0.45H_0$ (27.4 m)	62.5
乌兰木伦矿	$0.44H_0$ (43 m)	$0.14H_0$ (14.0 m)	82.0	98.2	$0.37H_0$ (35.9 m)	71.7

3.2.4　地表动态移动变形与变形速度关系分析

在高强度开采条件下，地表动态下沉、倾斜、水平移动、水平变形、曲率变形均与变形速度之间呈现出一定变化规律。

(1) 地表下沉与下沉速度分析

地表下沉曲线与下沉速度曲线之间的关系如图 3-21 所示。

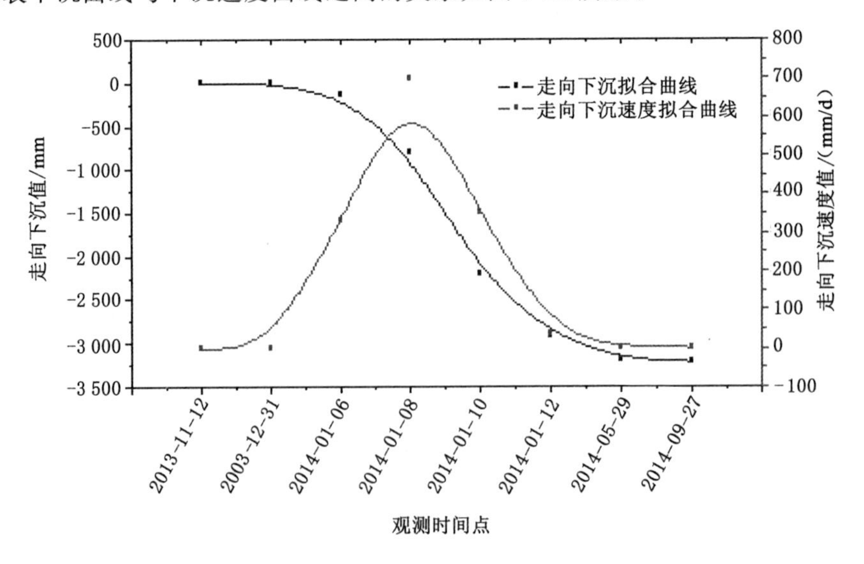

图 3-21　下沉曲线与下沉速度曲线之间的关系

在图 3-21 中，从曲线形态上看，地表下沉速度曲线呈正态分布。在地表下沉的开始阶段，下沉量增长相对缓慢，相对应的地表下沉速度增加也较为缓慢。但这种状态仅仅持续了

7 d 左右。随着高强度开采工作面的快速推进，地表进入活跃阶段，下沉量快速增大，下沉速度也随之不断增加。当地表下沉值达到 997.5 mm 时，地表下沉变化速率达到最大，相应地，地表下沉速度达到最大值。这主要表现为，在地表下沉剧烈阶段内，地表下沉量大幅增加，下沉速度以较快速率达到最大值。而在地表下沉衰退阶段，下沉量变化较小，持续时间较长，与之相对应的下沉速度曲线在该阶段的形状较为平缓。

（2）倾斜变形速度与水平移动速度

地表倾斜变形与其变形速度、水平移动与其速度曲线之间的关系分别如图 3-22 和图 3-23 所示。

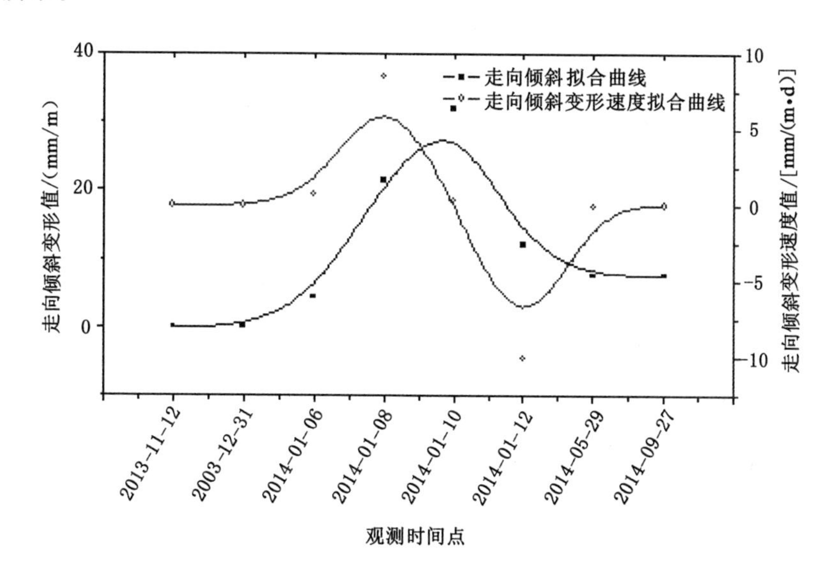

图 3-22　倾斜变形曲线与倾斜变形速度曲线之间的关系

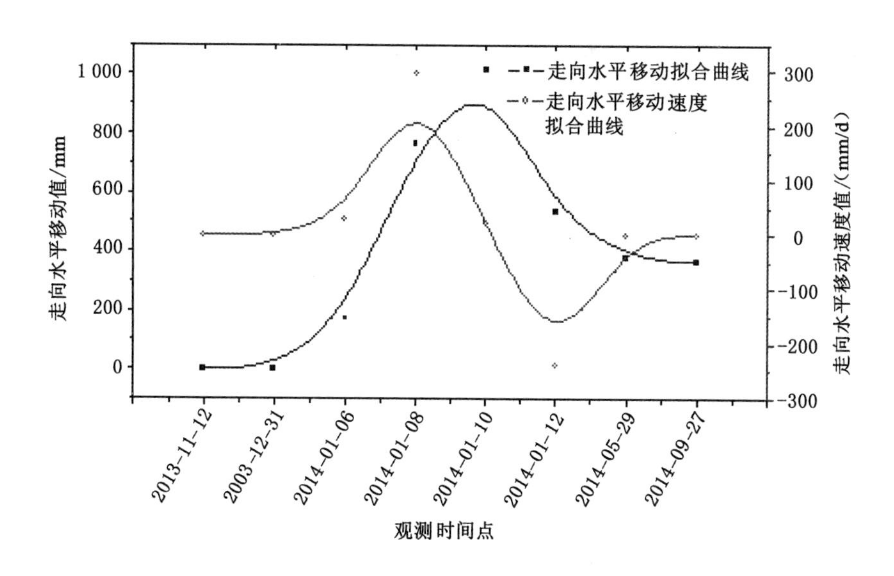

图 3-23　水平移动曲线与水平移动速度曲线之间的关系

从曲线形态上看，地表倾斜变形曲线与水平移动曲线形状均呈现“S”形，而与之相对应的速度曲线也呈“S”形。但倾斜变形最大值与水平移动最大值滞后于最大变形速度 2～3 d 时间。即动态变形速度达到最大值，但变形值未达到最大。

随着开采的不断进行，地表倾斜变形和倾斜变形速度持续增大，工作面约推进 56 d 后，倾斜变形速度达到最大值＋7.5 mm/(m・d)。随后，倾斜变形速度逐渐变小，但倾斜变形值仍在增加直至达到最大值＋32 mm/m，此刻倾斜变形速度减小至 0，值得注意的是，该阶段仅仅持续了 2～3 d 时间，便完成了由最大值减小到 0 的过程。

随着开采的不断进行，倾斜变形速度由小增大的速度较快，在 2～3 d 时间内，又很快达到最大值－10.0 mm/(m・d)。随后倾斜变形值仍在减小，而倾斜变形速度也逐渐减小为 0。该阶段持续时间较长。

地表水平移动与倾斜变形相对应发生与发展，因此地表水平移动速度与倾斜变形速度的变化规律也基本相同。当最大水平移动速度达到最大值＋296 mm/d 时，水平移动值还没有达到极值，仍在增大。当地表水平移动值达到最大值＋975 mm 时，水平移动速度为 0。

(3) 水平变形速度与曲率变形速度

地表水平变形与其速度、曲率变形与其速度曲线之间的关系分别如图 3-24 和图3-25 所示。

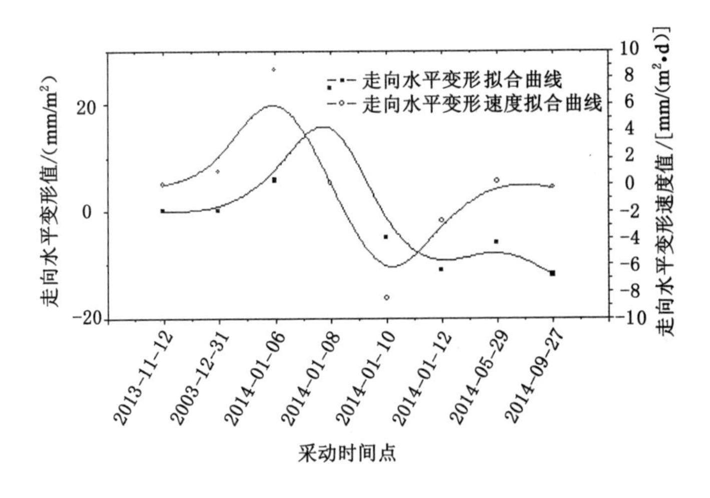

图 3-24　水平变形曲线与水平变形速度曲线之间的关系

地表水平变形与曲率变形相对应发生与发展，曲率变形速度的变化规律与水平变形速度的变化规律基本相似。二者曲线形状均呈现“S”形。而与之相对应的变形速度曲线也呈“S”形。但水平变形最大值与曲率变形最大值滞后于最大变形速度 2～3 d 时间。

在开采开始阶段，地表首先显现为拉伸变形(即水平变形)。随着工作面快速推进，工作面上方拉伸变形值与变形速度值急剧增大，但拉伸变形速度先于拉伸变形达到最大值，在工作面推进约 53 d 后，最大拉伸变形速度达到最大值＋8.6 mm/(m・d)。随后，拉伸变形速度减小，但拉伸变形值仍在增加。当 2～3 d 后，拉伸变形达到最大值＋22 mm/m，此时拉伸变形速度由最大值减小为 0。

随着工作面不断推进，在 2～3 d 后，最大拉伸水平变形值减小至 0。拉伸变形演变为压

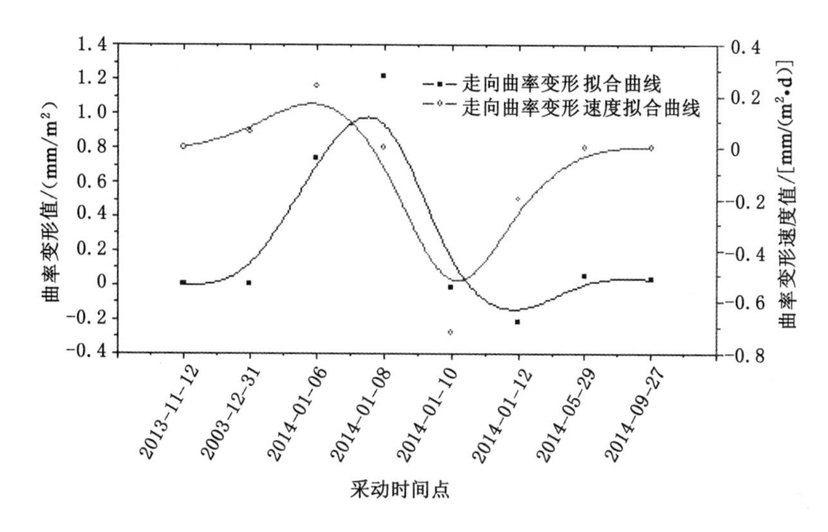

图 3-25　曲率变形与曲率变形速度曲线

缩变形，随之变形速度也在快速增加，压缩变形速度达到最大值−8.6 mm/(m·d)。

由以上分析可以看出，地表拉伸变形速度从最大值减小至 0 阶段，仅仅持续了 2～3 d，足以反映矿山开采的剧烈程度。在该变形阶段，地表抗拉伸变形能力弱，造成损害程度大，地表显现为非连续性变形破坏，这种情况在矿山开采实践过程中应引起足够重视。

地表曲率变形速度的变化规律与水平变形速度的基本相同。随着工作面不断推进，曲率变形值由小增大，当最大曲率变形速度达到+0.23 mm/(m^2·d)时，地表曲率变形仍在增大，滞后于最大曲率变形速度 2～3 d，最后达到最大值+1.20 mm/m^{2}时，曲率变形速度为 0。之后曲率变形速度持续增加，当负最大曲率变形速度达到−0.55 mm/(m^2·d)时，曲率变形值为+0.2 mm/m^2。

3.2.5　近水平煤层高强度开采地表移动特征实测分析

地表下沉速度的大小反映了地表移动的剧烈程度。由表 3-17 可以看出，神东矿区近水平煤层高强度开采工作面平均最大下沉速度为 424 mm/d，最大的为哈拉沟煤矿 22407 工作面的 700 mm/d。故神东矿区近水平煤层高强度开采工作面地表移动剧烈，破坏严重。

表 3-17　工作面最大下沉速度

观测点及平均值	大柳塔 52304	大柳塔 52305	补连塔 31401	补连塔 32301	哈拉沟 22407	补连塔 12406	韩家湾 2304	察哈素 31305	平均值
最大下沉速度 /(mm/d)	430	617	540	490	700	268	185	429	424

现分别从地表剧烈移动的时间-空间分布特征、地表损坏程度和地表损坏类型三个方面分析神东矿区近水平煤层高强度开采地表损坏特征。

(1) 地表剧烈移动的时间-空间分布特征

① 地表点移动的时间分布特征

地表移动盆地各点均经历了从开始移动到移动值稳定的过程，每一点的移动过程并不相同。移动盆地内的某一点的移动过程可用下沉速度来描述。最大下沉点的下沉速度如图 3-26 所示。根据下沉速度大小,可将其移动过程分为三个阶段:开始阶段、活跃阶段和衰退阶段。它们反映了最大下沉点分阶段的移动特征。

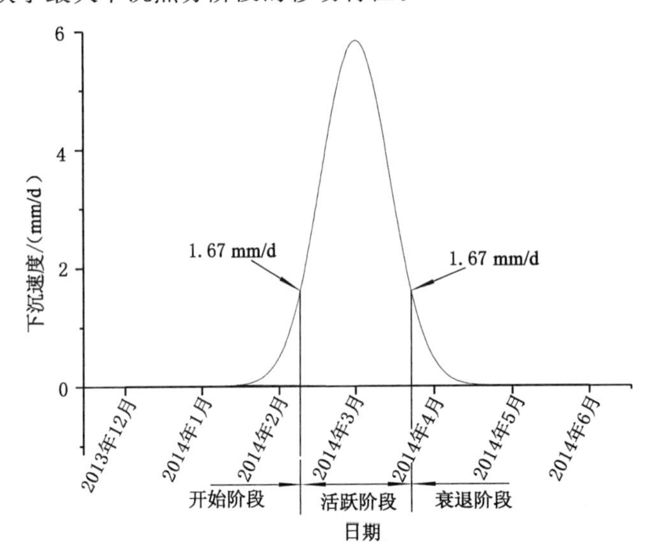

图 3-26 地表点下沉速度变化曲线

神东矿区近水平煤层高强度开采工作面的最大下沉点的各个移动阶段持续时间如表 3-18 所示。

表 3-18 研究区最大下沉点的各个移动阶段持续时间

阶段		开始阶段/d	活跃阶段/d	衰退阶段/d
观测点	韩家湾 2304	5	65	77
	大柳塔 52304	21	128	162
	哈拉沟 22407	9	150	200
	察哈素 31305	1	55	71
平均持续时间/d		9	99.5	127.5
时间占比/%		3.8	42.2	54

从表 3-18 中可以看出,开始阶段持续时间很短,约占整个移动过程的 3.8%;活跃和衰退阶段持续时间分别约占整个移动过程的 42.2%和 54%。在近水平煤层高强度开采地表点移动过程中,开始阶段很短,受采动影响后很快进入活跃阶段;活跃阶段与衰退阶段持续时间都接近于整个移动持续时间的一半,但活跃阶段持续时间稍短于衰退阶段。

② 地表点移动的空间分布特征

同一时刻,移动盆地内不同点的下沉速度不同,其移动剧烈程度不同,可以分区进行描述。德国和波兰有关学者以 18 mm/d 的下沉速度为临界值来界定建筑物损坏等级。故本书采用地表下沉速度 18 mm/d 将动态移动盆地分为两个区域(图 3-27):

a. 缓慢移动区域:地表点下沉速度小于 18 mm/d 的区域。

b. 剧烈移动区域：地表点下沉速度大于 18 mm/d 的区域。

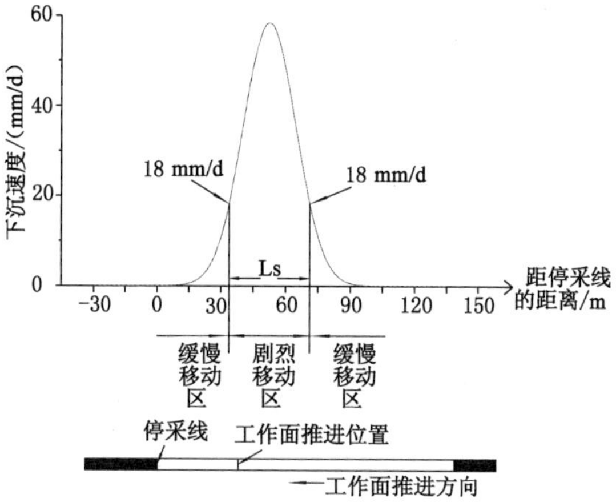

图 3-27　地表移动活跃程度分区图

现分别从剧烈移动区的范围大小和位置两个方面来对剧烈移动区的空间分布特征进行分析。

神东矿区近水平煤层高强度开采工作面的剧烈移动区域实测长度如表 3-19 所示。

表 3-19　剧烈移动区长度

观测点	剧烈移动区长度/m	采深/m	剧烈移动区长度与采深的比值
补连塔 31401	294	255	1.2
哈拉沟 22407	197	130	1.5
察哈素 31305	200	145	1.4
补连塔 12406	220	200	1.1
上湾 51101	169	146	1.2

从表 3-19 中看出，各个工作面的剧烈移动区范围长度都大于采深，相当于采条件深的 1.1～1.5 倍。说明近水平煤层高强度开采条件下地表受剧烈移动影响的区域较大。以哈拉沟煤矿 22407 工作面为例，不同时间的剧烈移动区范围及位置如图 3-28 所示。

当哈拉沟煤矿 22407 工作面推进距离不同时，工作面推进位置到剧烈移动区左侧边界的距离如表 3-20 所示。

表 3-20　动态剧烈移动区位置

日　　期	工作面推进位置到剧烈移动区域左边界的距离 L/m	剧烈移动区长度 L_s/m	L/L_s
2014-01-06	40	191	0.209
2014-01-08	38	198	0.192
2014-01-10	38	202	0.188
平均值	38.67	197	0.196

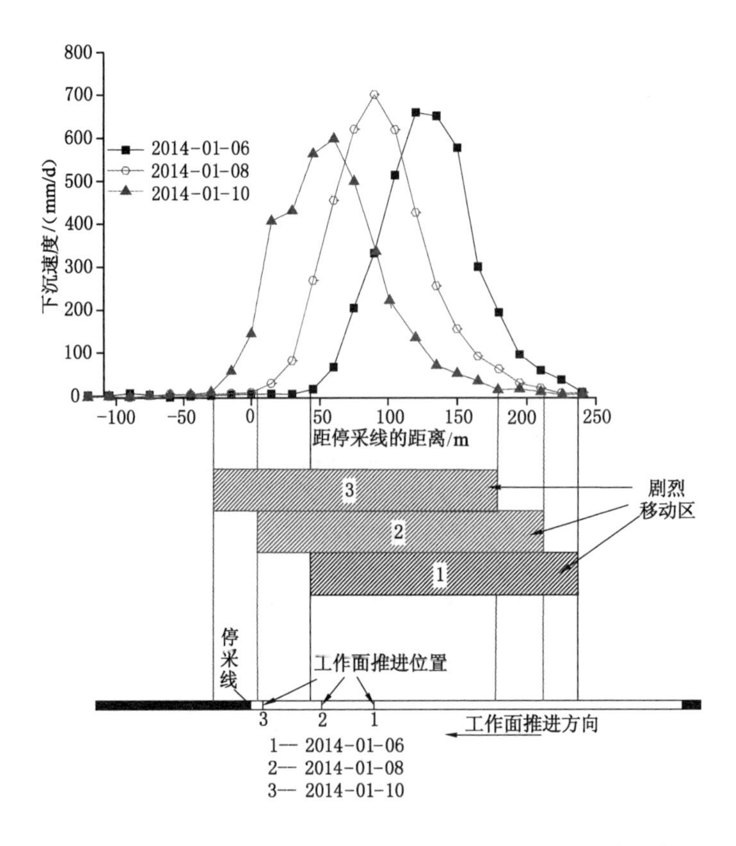

图 3-28　哈拉沟煤矿 22407 工作面地表动态移动剧烈区域及位置

从表 3-20 中可以看出，工作面推进到不同位置时，哈拉沟煤矿 22407 工作面推进位置到剧烈移动区左侧边界的距离都几乎相当于 1/5 的动态剧烈移动区域长度。即哈拉沟煤矿近水平煤层高强度开采工作面推进位置实时滞后于剧烈移动区前端约 1/5 长度。

(2) 地表损坏程度分析

地表损坏程度常用倾斜、曲率和水平变形等指标来表示。开采工作面地表实测变形值与《建筑物、水体、铁路及主要井巷煤柱留设与压煤开采规范》规定的地表Ⅳ级损坏临界值如表 3-21 所示。由表 3-21 可以看出，开采地表实测损坏值远超Ⅳ级损坏临界值，即地表损坏严重。故单一开采工作面即可带来大范围地表Ⅳ级损坏。

表 3-21　地表实测变形值及Ⅳ级损坏临界值

观测点及临界值	倾斜/(mm/m)	曲率/(mm/m^2)	水平变形/(mm/m)
哈拉沟 22407	45.5	2.26	26.3
补连塔 32301	44	1.48	45.91
韩家湾 2304	90.5	3.01	53.1
Ⅳ级损坏临界值	10.0	0.6	6.0

3.3 本章小结

在搜集和分析神东矿区相关工作面地质采矿资料的基础上，对矿区近水平煤层高强度开采工作面的地表移动实测规律进行了工作面和矿区尺度的分析、总结，从而得出如下主要规律：

① 矿区内地表移动具有下沉系数和边界角较小、主要影响角正切值较大的特点。

② 矿区内近水平煤层高强度开采单一工作面即可引起大范围的地表Ⅳ级损坏。

③ 矿区充分采动区域内地表点受采动影响后很快进入活跃阶段，活跃阶段持续时间约占总移动持续时间的 1/2。

④ 以 18 mm/d 的下沉速度为临界点，将地表动态移动盆地分为剧烈移动区和缓慢移动区。剧烈移动区宽度大，一般为采深的 1.1～1.5 倍；工作面实时推进位置约滞后于剧烈移动区前段 1/5 长度。

⑤ 地表非连续损坏主要有拉伸型、塌陷型和滑动型裂缝等类型。台阶型裂缝具有滞后于工作面推进位置，周期性显现，裂缝间距与顶板周期来压步距相当等特点。

第 4 章　近水平煤层高强度开采地表沉陷机理实验室模拟分析

4.1　近水平煤层高强度开采地表沉陷机理模拟方案设计

4.1.1　实验室模拟试验设计目的

本试验依据神东某矿区两个相近近水平煤层高强度开采工作面的地质采矿条件，运用实验室模拟试验的方法对以下两个方面进行研究分析：

① 近水平煤层高强度开采基岩和松散层的动态破坏规律及机理。

② 近水平煤层高强度开采覆岩及地表的破坏分区形态。

4.1.2　模拟的地质采矿条件、相似系数及模型配比的确定

（1）地质采矿条件的确定

哈拉沟煤矿隶属于神华神东集团，处于陕北黄土高原和毛乌素沙漠交界处，年生产能力达千万吨级。矿井地质采矿条件简单，煤层赋存丰富，可采煤层较厚，上覆岩层较薄，具有近水平煤层高强度开采的特征，故模型试验采用哈拉沟煤矿近水平煤层高强度开采工作面为样本进行相似模型试验。选择松散层厚度较大的 22407 工作面地质采矿条件为样本建立模型一，模拟采深 130 m，基岩厚 75 m，松散层厚 55 m，煤层厚 5 m 的工作面开采；选择临近的 22402 工作面为样本建立模型二，模拟采深 75 m，基岩厚 30 m，松散层厚 40 m，煤层厚 5 m 的工作面开采。

（2）相似系数的确定

选用 3 000 mm×1 600 mm×250 mm 的平面模型架进行试验。模型试验设计图如图 4-1 所示。

根据模拟工作面的地质采矿条件，选用 45°为边界角，并对比分析模拟工作面和模型架之间的几何尺寸关系，最终选用 1∶150 的几何尺寸比。依据覆岩和模拟材料的特性，选用的容重比为 0.6。则应力比和时间比可根据下式求得：

$$\alpha_\sigma = \alpha_\gamma \times \alpha_l = 0.6 \times (1/150) = 0.004 \tag{4-1}$$

$$\alpha_t = \sqrt{\alpha_l} = \sqrt{1/150} = 0.082 \tag{4-2}$$

式中　α_σ——应力比；

α_γ——密度比；

α_l——几何尺寸比；

α_t——时间比。

（3）模型配比的确定

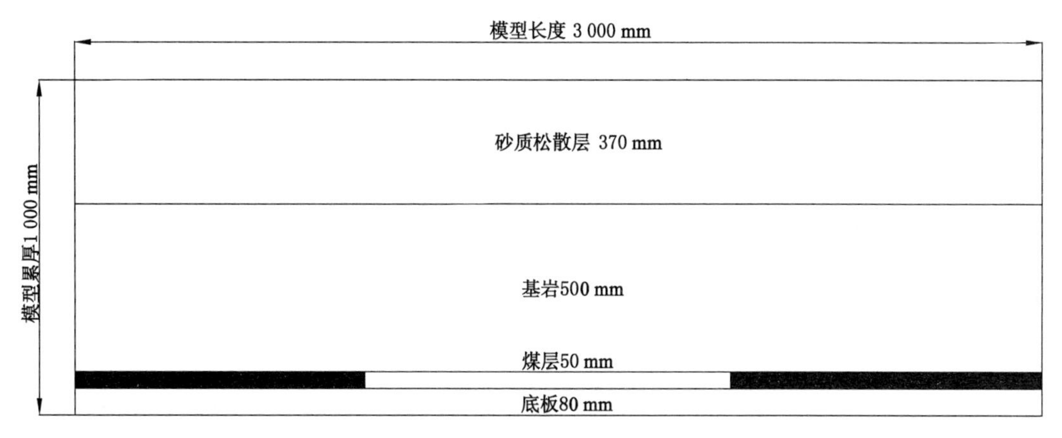

(a) 模型一设计图

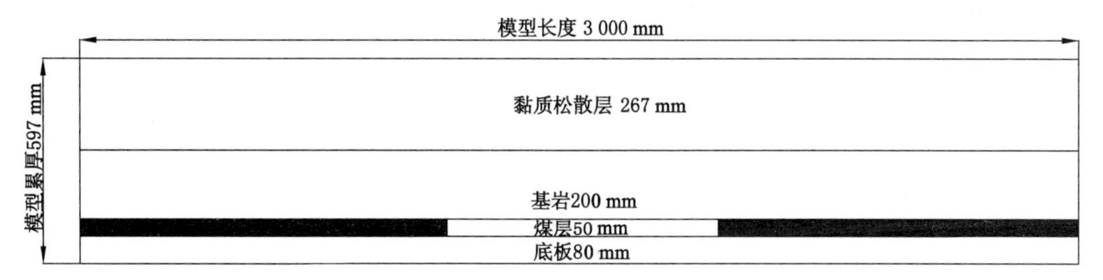

(b) 模型二设计图

图 4-1　模型试验设计图

根据经验和模拟的各岩层岩性，决定以沙为基岩主料，以碳酸钙和石膏为胶结辅料；松散层以散沙为主，辅以锯末；每一分层铺设完毕后均匀铺撒云母粉，作为岩层之间的节理面。由于覆岩岩层数量众多，需对其进行综合处理。两个相似模型的每一层岩层的用料配比如表 4-1 和表 4-2 所示。

表 4-1　模型一实验配比表

序号	岩石名称	模型厚度/cm	各层质量/kg	材料用量				
				沙/kg	碳酸钙/kg	石膏/kg	水/kg	锯末/kg
1	砂质风积沙	36.98	301.46	262.01				39.45
2	砂质泥岩	3.26	36.08	32.07	2.81	1.20	2.16	
3	粉砂岩	3.57	39.01	34.14	1.46	3.41	2.34	
4	中粒砂岩	4.32	49.99	39.99	3.00	7.00	3.00	
5	细粒砂岩	3.05	34.03	29.17	1.46	3.40	2.04	
6	粉砂岩	3.25	35.52	31.08	1.33	3.11	2.13	
7	中粒砂岩	9.28	107.38	85.91	6.44	15.03	6.44	
8	粉砂岩	1.35	14.75	12.91	0.55	1.29	0.89	
9	细粒砂岩	4.58	51.10	43.80	2.19	5.11	3.07	

表 4-1(续)

序号	岩石名称	模型厚度/cm	各层质量/kg	材料用量				
				沙/kg	碳酸钙/kg	石膏/kg	水/kg	锯末/kg
10	细粒砂岩	2.43	27.11	23.24	1.16	2.71	1.63	
11	中粒砂岩	2.95	34.14	27.31	2.05	4.78	2.05	
12	细粒砂岩	3.77	42.07	36.06	1.80	4.21	2.52	
13	砂质泥岩	2.19	24.24	21.54	1.88	0.81	1.45	
14	中粒砂岩	1.89	21.87	17.50	1.31	3.06	1.31	
15	粉砂岩	2.23	24.37	21.32	0.91	2.13	1.46	
16	2-2 煤层	5.00	42.86	38.57	3.43	0.86	2.57	
17	粉砂岩	10.00	115.71	92.57	6.94	16.20	6.94	

表 4-2 模型二实验配比表

序号	岩石名称	模型厚度/cm	各层质量/kg	材料用量				
				沙/kg	碳酸钙/kg	石膏/kg	水/kg	锯末/kg
1	黏质松散层	26.67	220.58	187.37	6.95	4.63	0.81	20.82
2	细粒砂岩	7.01	78.22	67.04	3.35	7.82	4.69	
3	中粒砂岩	2.95	34.14	27.31	2.05	4.78	2.05	
4	细粒砂岩	3.77	42.07	36.06	1.80	4.21	2.52	
5	砂质泥岩	2.19	24.24	21.54	1.88	0.81	1.45	
6	中粒砂岩	1.89	21.87	17.50	1.31	3.06	1.31	
7	粉砂岩	2.23	24.37	21.32	0.91	2.13	1.46	
8	2-2 煤层	5.00	42.86	38.57	3.43	0.86	2.57	
9	底板	8.00	92.57	69.43	11.57	8.68	5.55	

4.1.3 相似模型的建立

不同松散层介质具有不同的物理结构、力学强度。地下开采后采动影响区内的松散层也表现出不同的移动变形特征。为模拟不同松散层介质的沉陷机理，模型试验的松散层设计主要体现在松散层组成物质的选择和铺设方法两个方面，如下所述：

相似模型试验 1：模拟砂质松散层介质下煤炭开采。选用沙子和锯末模拟无黏性土类松散层，且自然平摊铺设。

相似模型试验 2：模拟黏质松散层介质下煤炭开采。选用沙子和锯末为主料，并辅以少许碳酸钙和石膏，在铺设时分层适当施压铺设。

根据模型试验方案设计制作的相似试验模型如图 4-2 所示。

（a）相似试验模型一

（b）相似试验模型二

图 4-2　相似试验模型

4.2　采动覆岩沉陷机理模型试验分析

模型制作完成后，干燥一星期，然后对模型进行开挖，每次开挖 15 cm。每开挖一段，待表层移动稳定后，方进行下一阶段的开挖，本试验假设每次开挖两个小时后，模型岩层移动即可达到稳定状态。所以两次开挖的时间间距为 2 个小时左右。

4.2.1　模型一采场覆岩动态破坏规律及其采动响应特征

模型一制作完毕并干燥一星期后进行模拟开挖。在模拟开挖过程中，采用一次采全高分区段开挖的方法进行。随着开挖的进行，每一开挖阶段的岩层破坏情况如图 4-3 所示。

当工作面开挖 15 cm 时，煤层顶板没有发生垮落，如图 4-3(a)所示；当工作面开挖30 cm 时，煤层直接顶发生垮落，成块状堆积在采空区，如图 4-3(b)所示；随着工作面的向前开挖，煤层顶板不断垮落，采空区上方形成梯形的垮落空间，如图 4-3(c)至图 4-3(e)所示。当工作面开挖 90 cm 时[如图 4-3(f)]，煤层上覆基岩全部破断。

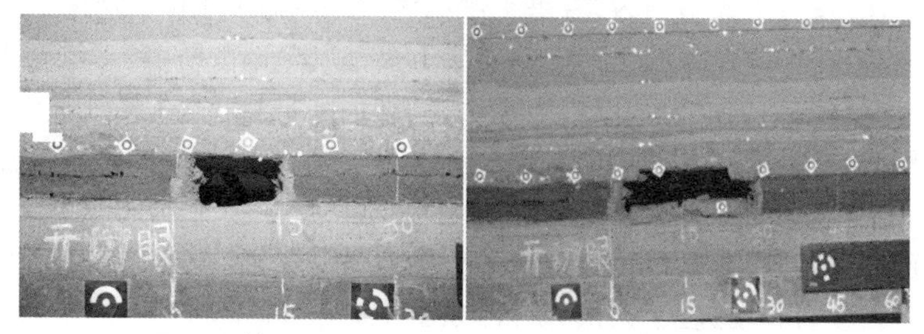

（a）开挖15 cm　　（b）开挖 30 cm

图 4-3　模型一阶段开挖岩层破坏情况

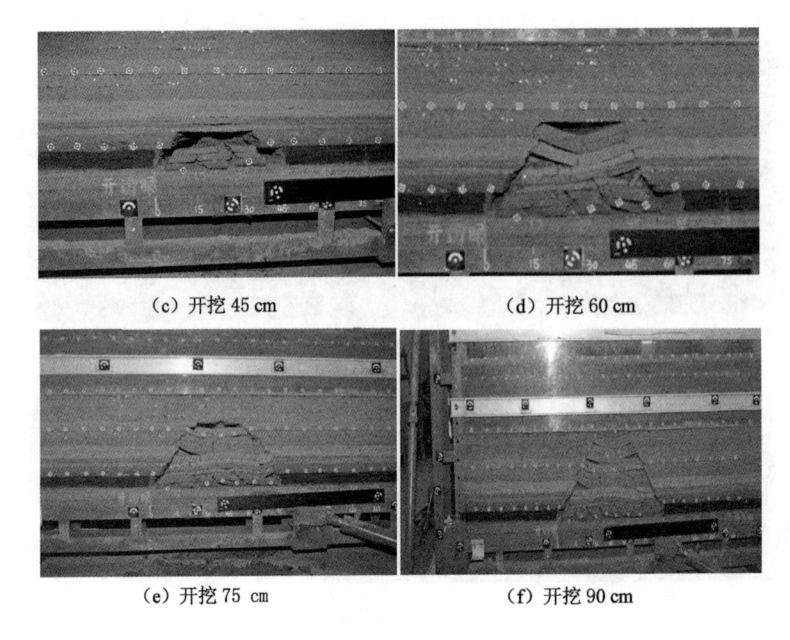

(c) 开挖 45 cm　　(d) 开挖 60 cm

(e) 开挖 75 cm　　(f) 开挖 90 cm

图 4-3(续)

根据压力拱理论可知,垮落空间外围存在一个压力拱。前期开挖过程中,岩拱拱高不断增大,煤层顶板不断重复着“拱成-拱破”的多次循环过程[图 4-4(a)];在此过程中,岩拱上方岩土体只发生弯压,覆岩平衡结构为“岩拱”类型。而开挖到 90 cm 时,基岩厚度小于岩拱的临界拱高,岩拱发生破断,而砂质松散层内没有形成土拱,覆岩移动直接进入“无拱”阶段[如图 4-4(b)]。采动过程中,砂质松散层为跟随体。

综合以上过程分析可知,模型一岩土体采动平衡结构类型由前期的“岩拱”类型发育到后期的“无拱”类型。

4.2.2 模型二采场覆岩动态破坏规律及其采动响应特征

模型二制作完毕并干燥一星期后进行模拟开挖。在模拟开挖过程中,也采用一次采全高分区段开挖的方法进行。随着开挖的进行,模型二每一开挖阶段的岩层破坏情况如图4-5所示。

当工作面开挖 15 cm 时,煤层顶板没有发生垮落,如图 4-5(a)所示;当工作面开挖30 cm时,煤层直接顶发生垮落,成块状堆积在采空区,如图 4-5(b)所示。在此过程中,岩拱上方岩土体只发生弯压,覆岩平衡结构为“岩拱+弯压体”类型,如图 4-6(a)所示。

当工作面开挖 45 cm 时[如图 4-5(c)],煤层上覆基岩全部破断,基岩厚度小于岩拱的临界拱高,岩拱发生破断,而黏质松散层内形成土拱[如图 4-6(b)]。在此过程中,土拱上方岩土体只发生弯压,依然为弯压体;而土拱下方土体则转变为跟随体。覆岩平衡结构发育为“土拱”类型。

随着工作面的继续开挖,黏质松散层内的土拱也发生破断,此时,松散层由前期的弯压体转变为跟随体。覆岩移动进入“无拱”阶段[如图 4-6(c)]。

综合以上过程分析,可知模型二岩土体采动平衡结构类型由 “岩拱+弯压体”类型发育到“土拱”类型,最后转变为“无拱”类型。

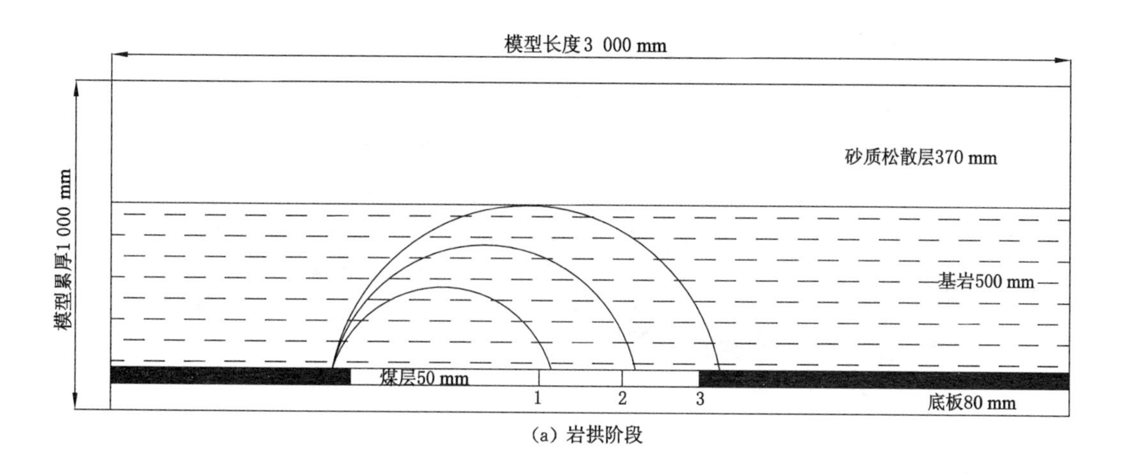

(a) 岩拱阶段

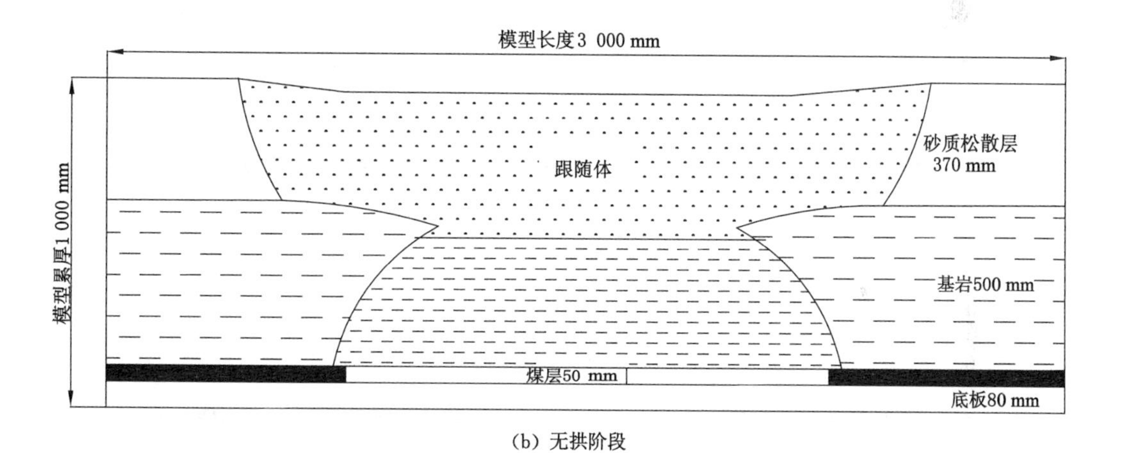

(b) 无拱阶段

图 4-4　模型一岩土体采动平衡结构发育示意图

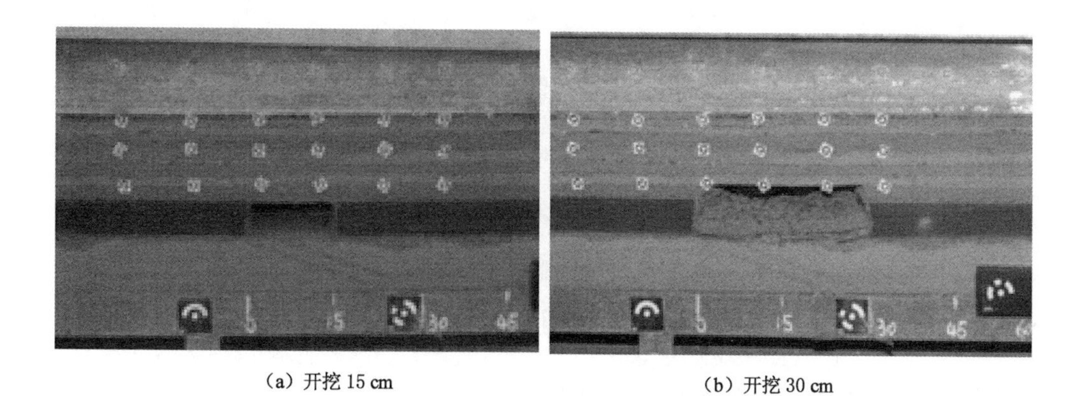

(a) 开挖 15 cm　　(b) 开挖 30 cm

图 4-5　模型二阶段开挖岩层破坏情况

(c) 开挖 45 cm

(d) 开挖 75 cm

图 4-5(续)

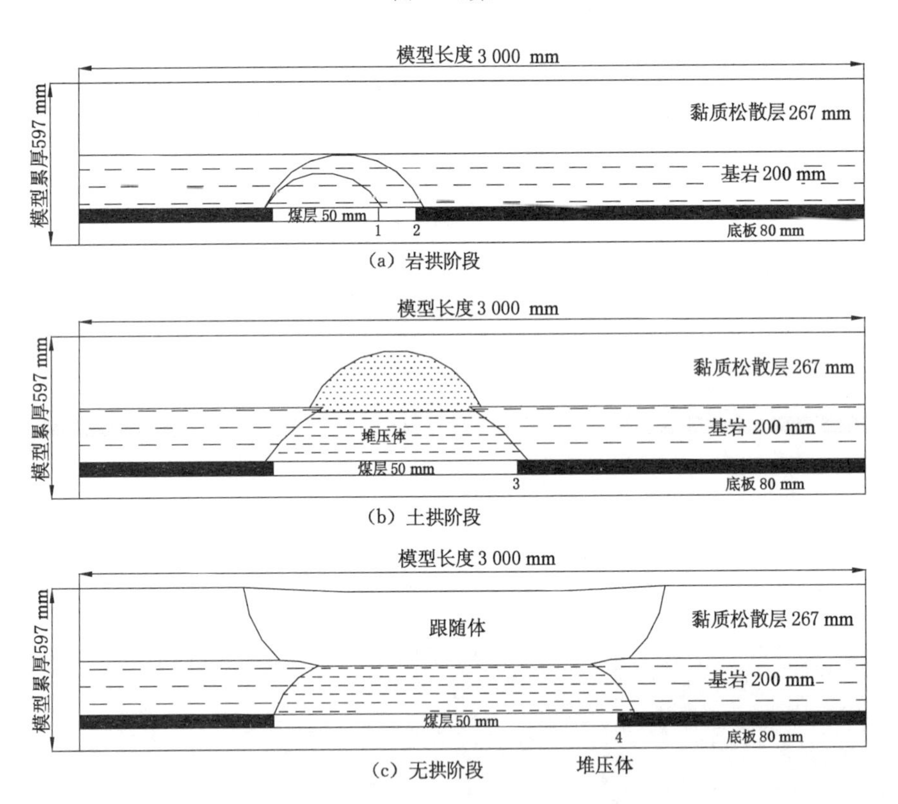

(a) 岩拱阶段

(b) 土拱阶段

(c) 无拱阶段

图 4-6 模型二岩土平衡结构发育示意图

4.3 近水平煤层高强度开采覆岩沉陷分区研究

近水平煤层高强度开采条件下，基岩破断严重，但具有明显的分区性。本节结合模型试验，首先根据基岩的破断特征对基岩进行分区，然后对各个分区的破坏特征进行分析。

4.3.1 基岩沉陷分区

近水平煤层高强度开采，岩层破断严重，不同部位岩层呈现出不同的沉陷特征和破坏程度，所以可采用模型试验对近水平煤层高强度开采基岩的破坏特征进行分区研究。相似模型试验一和实验二开采后岩层破坏情况如图 4-7 所示。

（a）模型一采后岩层破坏图

（b）模型二采后岩层破坏图

图 4-7　模型试验开采后岩层破坏情况

根据模型试验中岩层的相对位置及破坏程度，将近水平煤层高强度开采覆岩分为三类不同的采动影响区：未扰动区（A 区）、采空区两侧“错端叠梁”区（B 区）、采空区上方“破断岩层堆压”区（C 区），如图 4-8 所示。下面分别对各类分区内的基岩破坏特征进行分析。

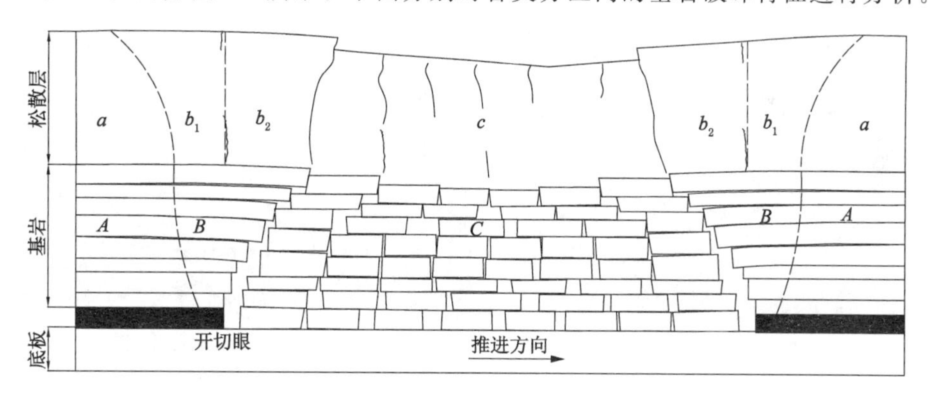

图 4-8　松散层分区破坏特征概化图

（1）未扰动区（图 4-8 中 A 区）

未扰动区内岩层承受原始应力的作用，不受采动应力重分布的影响，未发生应力和位移的变化。

（2）采空区两端“错端叠梁”区（图 4-8 中 B 区）

近水平煤层高强度开采后，采空区两侧覆岩向采空区移动，但仍保持原有的层位关系，各个岩层仍以“梁”的形式保持稳定。自上而下，岩梁的固定边界和自由边界逐渐内错，岩梁的长度逐渐减小，且岩梁相互叠加影响，文献[115]将其形象地命名为“错端叠梁”，该区称为“错端叠梁”区。“错端叠梁”区内岩层移动连续。“错端叠梁”区和未扰动区的分界线为力学边界分界线，未扰动区内岩层只承受原始应力的作用，而“错端叠梁”区岩层同时承受原始应力和支承应力作用。“错端叠梁”区内的岩层移动具有如下特点：

① 同一岩层的移动变形具有连续性，可简化为简单的梁结构；

② 下位岩层的破断边界（自由边界）内错于上位岩层；

③ 开切眼侧和工作面侧“错端叠梁”区内的岩层移动非对称。

（3）采空区上方“破断岩层堆压”区（图 4-8 中 C 区）

由于采深浅、采厚大、工作面推进速度快，采后采空区上方岩层破坏严重，岩层中离层、裂隙、裂缝等非连续变形发育充分。岩层破断后破断岩块之间在水平方向上普遍缺乏力的作用，上方岩块破断后简单地堆压在下方破断岩块上，所以将该区命名为“破断岩层堆压”区。采空区上方“破断岩层堆压”区内的破断岩层具有如下特征：

① 采空区上方岩层破断充分，充填采空区，呈堆压状分布；

② 自采空区向上，岩层破断程度逐步减弱，岩层间和岩层不同破断岩块间的裂隙或裂缝逐渐减小；

③ 破断岩块之间水平拉应力为零。

4.3.2 松散层沉陷分区

地下煤层开采后，开采影响首先传递到基岩，然后通过松散层以地表损坏的形式显现出来。近水平煤层高强度开采基岩破断严重，且具有明显的分区性。相对于基岩，砂土和黏土等介质松散层强度都较低，抵抗变形能力都弱，剧烈开采影响传播到松散层后，两种介质松散层都受到剧烈扰动，而且两种介质松散层都具有明显的类似的分区性（如图 4-9 所示）。

(a) 模型一开采后地表损坏图

(b) 模型二开采后地表损坏图

图 4-9 模型开采后地表损坏图

类似于基岩分区，结合两种相似模型试验结果，根据松散层损坏程度，可将松散层划分为如下分区（如图 4-8 所示）：

① 未扰动区：该区域松散层未受采动影响，如图 4-8 中分区 a。

② 连续移动区：该区域内松散层主要发生滑移移动，且整体移动连续性好，在水平方向上以承受的水平压应力为主，如图 4-8 中分区 b_1。

③ 非连续移动区：该区域内松散层也主要发生滑移移动，但松散层内部发育有裂隙、裂缝等非连续变形，在水平方向上以承受的水平压应力为主，如图 4-8 中分区 b_2。连续移动区和非连续移动区的分界线大致位于采空区边界上方。连续移动区和非连续移动区的分界处发育有一条拉伸型大裂缝。

④ 塌陷区：该区域内松散层移动量最大，损坏最严重。动态裂缝充分发育，且动态裂缝宽度具有裂开-扩大-最大-收缩-闭合的周期性，如图 4-8 中分区 c。塌陷区和非连续移动区

的分界线为一条永久的塌陷型裂缝。

4.4　近水平煤层高强度开采基岩分区沉陷特征分析

下面对基岩各个分区内的岩层移动变形规律进行分析总结。

4.4.1　“破断岩层堆压”区岩体破坏规律

“破断岩层堆压”区岩层破断严重，下面分别从覆岩破坏高度、岩层破断块度等方面对“破断岩层堆压”区的岩体破坏规律进行分析。

(1) 覆岩破坏高度随工作面推进的发育规律

为了解近水平煤层高强度开采覆岩破坏高度的发育规律，选取以下三组普通条件的模型试验作为对比。模拟工作面基本参数及模拟几何比例尺如表4-3所示。由于松散层介质的移动变形明显不同于基岩，故将松散层厚度 h 折合为等价的基岩厚度，和基岩一起记为综合采深 H_z，计算公式如式(4-3)所示。

表4-3　模拟工作面基本参数及模拟几何比例尺

矿名	煤层倾角/(°)	煤厚/m	基岩厚度/m	松散层厚度/m	综合采深/m	模拟几何比例尺
赵家寨矿	6.5	6	193	120	226.6	1∶300
梁北矿	12	3.98	483	25	490	1∶300
赵固二矿	5.5	6	110	580	272.4	1∶500

$$H_z = H_j + 0.28h \tag{4-3}$$

三个对比组模型试验的岩层破坏高度数据经整理后，绘图如下：

从图4-10中可以看出，三个对比组模型试验的岩层破坏高度随工作面推进不断增加，呈S型发展趋势。三组试验的岩层破坏高度发育曲线的拐点约在 $L/H_z = 0.6 \sim 0.8$ 处，最大值约在 $L/H_z = 1.2 \sim 1.4$ 处。而两种模型试验的岩层破坏高度发育数据如图4-11所示。

数据经整理后，绘制图形(图4-12)如下：

从图4-12中可以看出，近水平煤层高强度开采时的岩层破坏高度发育规律明显不同于一般地质采矿条件下开采时的。近水平煤层高强度开采时的岩层破坏高度随工作面推进成指数型增长。工作面推进越远，同等推进距离引起的岩层破坏高度越大，直至破坏发育到基岩表面。

(2) 岩层破断块度的垂直方向分布规律

根据矿压相关理论可知，破断岩块的块度可由下式进行计算：

$$i = l/m \tag{4-4}$$

式中　i——块度；

l——破断岩块的长度；

m——破断岩块的厚度。

从采空区开始，岩层编号往上逐渐增加。分别量取每个破断岩块的长度，求出每个破断岩块的块度，然后求其均值，记为该岩层破断岩块的长度及块度。各岩层块度随其与采空区

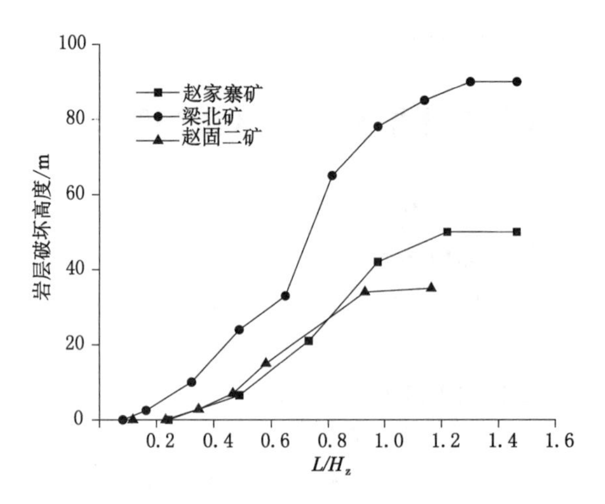

图 4-10 实测岩层破坏高度发育规律

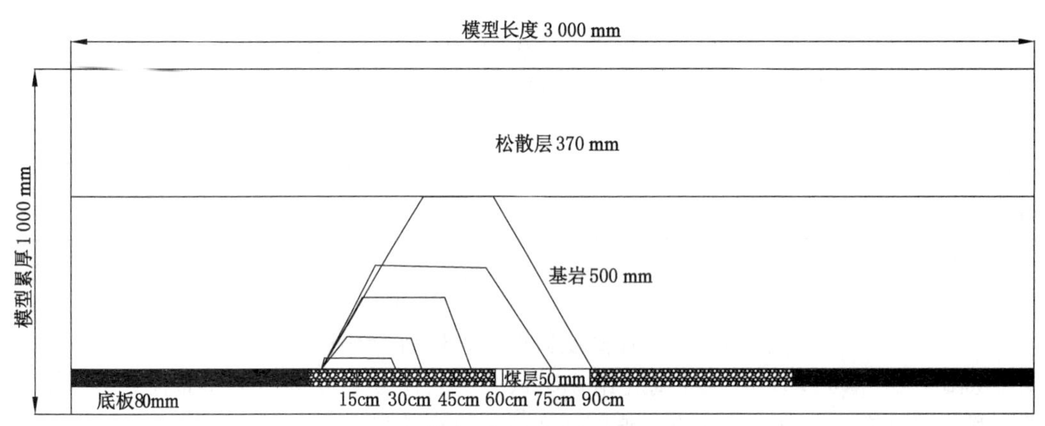

(a) 模型一基岩竖向破坏高度发育规律

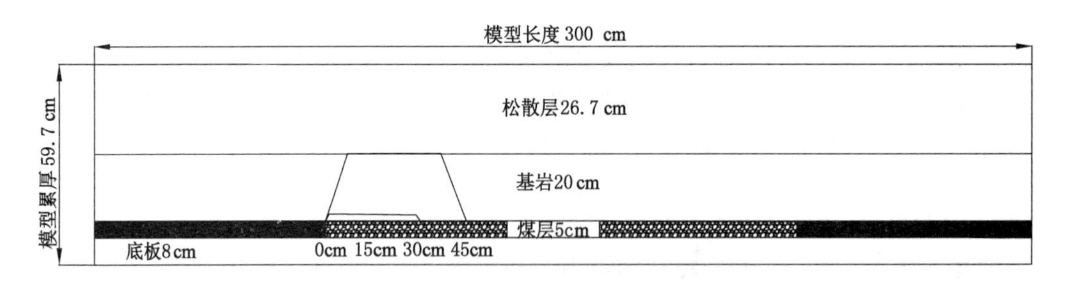

(b) 模型二基岩竖向破坏高度发育规律

图 4-11 基岩竖向破坏高度发育规律

的距离的不同而具有一定的规律，将模型试验求取的数据整理绘制成如图 4-13 所示曲线。

从图 4-13 中可以看出，采空区上方岩层破断的块度随其离采空区距离的增加而增大，

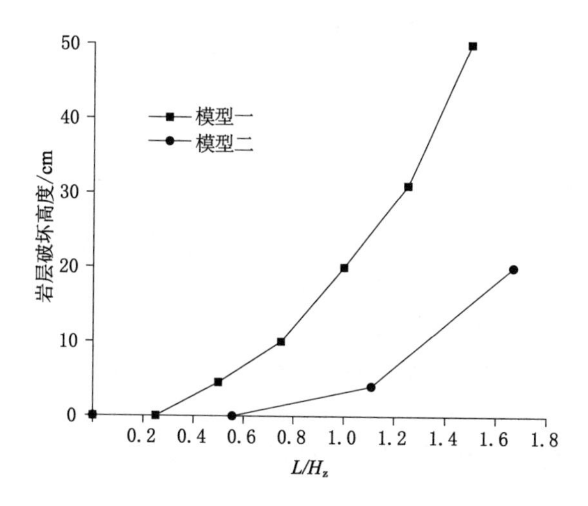

图 4-12　试验组岩层破坏高度发育规律

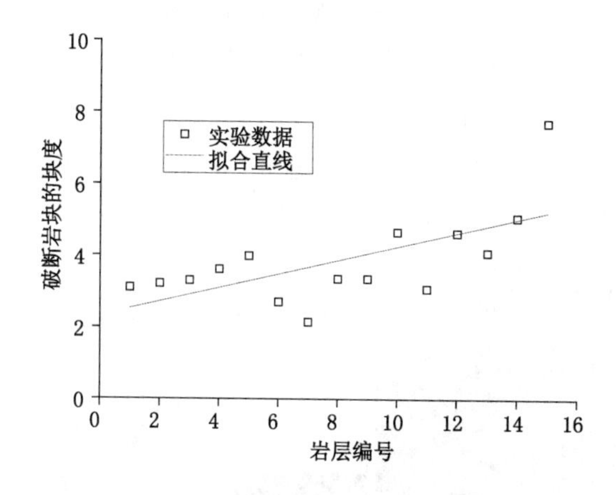

图 4-13　破断岩块的块度发育规律

基本成线性增加的关系。

(3) 岩层破断块度的水平方向分布规律

对同一水平岩层,分别量取每个破断岩块的长度。经对量取的多层破断岩块的长度数据进行同层对比分析,发现同一岩层的破断岩块长度相差不大,块度基本相等。

4.4.2　开切眼侧和工作面推进位置侧"错端叠梁"区岩体非对称破坏规律

模型试验一和模型实验二在模拟煤层开采过程中,分别量取开切眼侧和工作面推进位置侧的基岩破断角,分别如表 4-4 和表 4-5 所示。

表 4-4　模型一岩层破断角

开挖距离/cm	45	60	75	90	105
开切眼侧/(°)	66	68	66	65	66
工作面推进位置侧/(°)	61	63	54	54	53

表 4-5 模型二岩层破断角

开挖距离/cm	45	60	75	90
开切眼侧/(°)	70	70	70	70
工作面推进位置侧/(°)	68	67	63	62

通过对比表 4-4 和表 4-5 中每一开挖阶段的开切眼侧基岩破断角值和工作面推进位置侧的基岩破断角值，发现开切眼侧基岩破断角大于工作面推进位置侧基岩破断角。而基岩破断角为基岩“错端叠梁”区和“破断岩层堆压”区的分界线，亦即开切眼侧和工作面推进位置侧的基岩分区并不呈对称分布，而是偏向于开切眼侧呈偏态分布。

4.5 近水平煤层高强度开采地表非连续破坏形成机理分析

近水平煤层高强度开采工作面具有深厚比小、宽深比大、工作面推进速度快等特点，工作面开采地表非连续变形发育充分，主要表现为漏斗状塌陷坑、台阶型裂缝、拉伸型细裂缝等。本节主要对台阶型裂缝、漏斗状塌陷坑等地表非连续变形的发育机理进行分析。

4.5.1 台阶型裂缝形成机理分析

根据相似模型试验结果，并结合矿山压力理论，可知近水平煤层高强度开采工作面顶板主要以“台阶岩梁”的结构形式发生滑落失稳(图 4-14)。

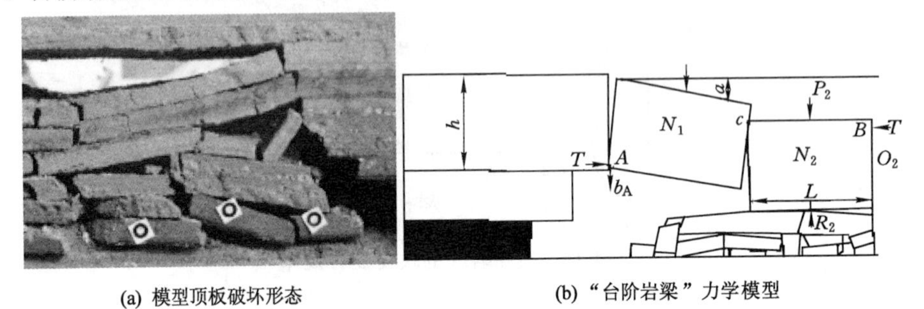

(a) 模型顶板破坏形态　　(b)“台阶岩梁”力学模型

图 4-14 覆岩顶板破坏形态及力学模型

随着工作面的推进，煤层上方顶板内产生平衡压力拱结构；当工作面推进到一定距离时，煤层上方顶板以“台阶岩梁”的结构形式发生初次滑落失稳，该工作面推进距离即初次来压步距；随着工作面逐步推进，煤层上方顶板周期性以“台阶岩梁”的结构形式发生滑落失稳，导致上覆岩层也以“台阶岩梁”的结构形式逐层向上发生滑落失稳，平衡压力拱结构周期性重复着“拱成-拱破”的发育过程，平衡压力拱的拱高逐步增大。该阶段顶板两次破断之间的工作面推进距离即周期来压步距；当基岩厚度采厚比较小时，随着工作面的推进，平衡压力拱的拱高大于基岩厚度时，基岩全部发生错位破断，上覆基岩进入“无拱”阶段。

由于神东矿区煤层开采具有大采高、宽工作面等特点，采后采空区空间大，煤层上方顶板发生滑落失稳后，垮落岩块难以充满采空区，且煤层埋藏较浅，滑落易发展到基岩表面，上覆基岩全部发生错位破断，基岩内拱形平衡结构消失。矿区表面为砂质松散层所覆盖，根据模型试验可知，近水平煤层高强度开采条件下，砂质松散层内不产生平衡拱结构，砂质松散层为跟随体，且砂质松散层内垂直节理发育充分。当基岩表面以“台阶岩梁”的结构形式发生滑落失稳时，地表瞬间会表现为台阶型裂缝，且裂缝位置与基岩表面破断的“台阶岩梁”梁端位置一致。台阶型裂缝形成机理如图 4-15 所示。

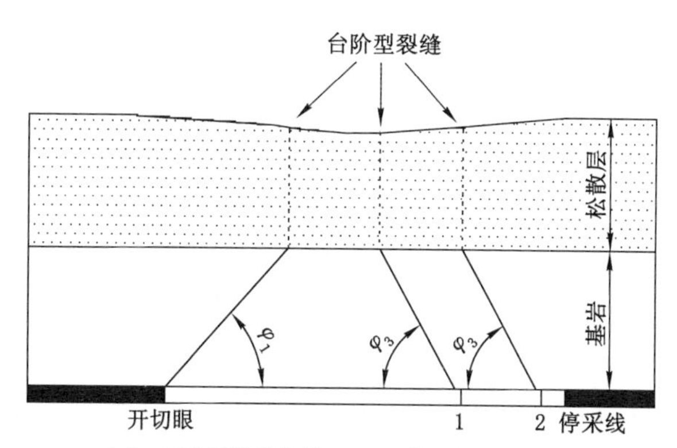

图 4-15　台阶型裂缝形成机理

4.5.2　漏斗状塌陷坑形成机理分析

漏斗状塌陷坑通常伴随矿井溃砂事故而在地表显现。矿井溃砂事故发生需要满足四个条件：① 物源；② 动力源；③ 溃砂通道；④ 存储空间。下面分别对其进行分析。

（1）物源、动力源和存储空间

矿区地表大部分为风积沙所覆盖，且地表部分地区有径流穿过，水砂混合物为溃砂事故提供充足的物源；矿区内潜水位较高，高潜水位水头可为溃砂事故提供充足的动力源；矿区煤层开采具有大采高、宽工作面等特点，大采空区为溃砂事故提供充足的存储空间。

（2）溃砂通道

当基岩厚度小于平衡压力拱拱高时，基岩全部发生错位破断，岩拱消失，砂质松散层近水平煤层高强度开采条件下，覆岩直接进入“无拱”结构阶段。根据模型试验结果，“无拱”结构阶段，“错端叠梁”区和“破断岩块堆压”区之间存在空隙，且空隙宽度自采空区往上逐渐缩小。当基岩采厚比较小时，岩层“错端叠梁”区和“破断岩块堆压”区之间的空隙连通了采空区和水砂混合物，为溃砂事故的发生提供溃砂通道。该形成机理如图 4-16 所示。

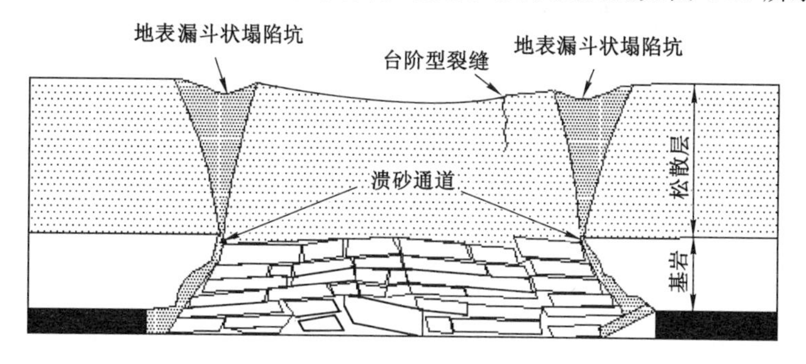

图 4-16　地表漏斗状塌陷坑形成机理

综上所述，砂质松散层近水平煤层高强度开采矿井易发生溃砂事故，地表易产生漏斗状塌陷坑，且地表漏斗状塌陷坑主要位于基岩“错端叠梁”区和“破断岩块堆压”区分界处上方附近。如哈拉沟煤矿 22402 工作面开切眼侧基岩厚 27.5 m，工作面推进 38 m 时，发生溃砂事故，地表产生漏斗状塌陷坑。

4.6 本章小结

① 通过相似模拟试验对“错端叠梁”区和“破断岩层堆压”区覆岩的破坏特征从竖向和横向上分别进行分析。竖向上，非充分采动时，岩层破坏高度随工作面推进距离的增大成指数增长趋势；采空区上方破断岩层的块度随其与采空区距离的增大而呈线性增加的关系；而同一岩层的破断岩块长度相差不大，块度基本相等。横向上，根据岩层的破坏程度，基岩划分为“错端叠梁”区、“破断岩层堆压”区等采动影响区。“错端叠梁”区内存在“错端叠梁”结构，该岩梁结构自上而下逐渐内错，且岩梁互相叠加在一起；“破断岩层堆压”区内破断岩块堆压在下方破断岩块上，岩块间没有水平拉力。

② 通过理论分析和相似模型试验验证，揭示了近水平煤层高强度开采条件下覆岩的采动响应特征。近水平煤层高强度开采条件下砂质松散层内不存在平衡拱结构，在采动过程中为跟随体，覆岩动态平衡结构发育过程为“岩拱-无拱”型；而黏质松散层在采动过程中易产生平衡拱结构，采动前期为弯压体，后期则转变为跟随体，覆岩动态平衡发育过程为“岩拱-土拱-无拱”。近水平煤层高强度开采覆岩平衡结构最终都发育为“无拱”结构。

③ 结合相似模型试验结果，对地表塌陷型裂缝和漏斗状塌陷坑的形成机理进行了理论分析。近水平煤层高强度开采，煤层上方顶板以“台阶岩梁”的形式逐层向上发生滑落失稳式的错位破断。砂质松散层内部垂直节理发育，基岩全厚错位破断后，在基岩表面破断处上方地表附近发生台阶型裂缝；岩层“错端叠梁”区和“破断岩块堆压”区之间存在较大的空隙，连通了物源（水砂混合物）和存储空间（采空区），导致溃砂事故的发生和地表漏斗状塌陷坑的伴随产生。

④ 通过模型试验，揭示了开切眼侧和工作面推进位置侧的基岩分区并不呈对称分布，而是偏向于开切眼侧呈偏态分布。

⑤ 近水平煤层高强度开采时的岩层破坏高度随工作面推进成指数型增长。工作面推进越远，同等推进距离引起的岩层破坏高度越大，直至破坏发育到基岩表面。而“三带”模式下岩层破坏高度随工作面推进呈“S”形增长。

第 5 章　近水平煤层高强度开采地表偏态沉陷机理理论分析

5.1　力学模型的选择及坐标系的构建

依据文献[34]的实验和研究结果，可知煤层和上覆岩层都属于黏弹性介质，都符合开尔文流变理论模型(图 5-1)。

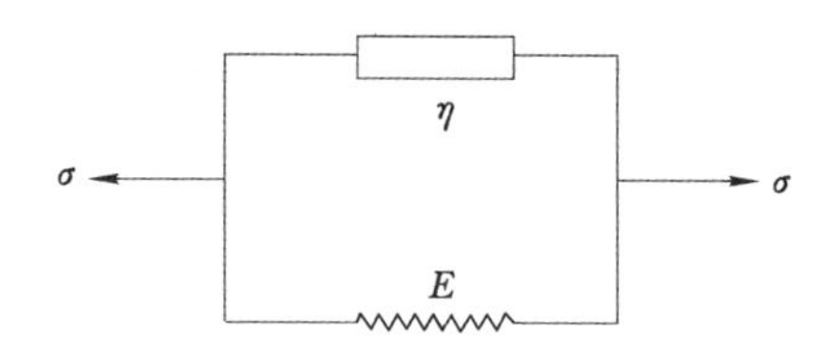

图 5-1　开尔文流变理论模型

开尔文流变理论模型的本构方程如下：

$$\sigma = E\varepsilon + \eta\dot{\varepsilon}$$
$$\dot{\varepsilon} = \mathrm{d}\varepsilon/\mathrm{d}t \tag{5-1}$$

式中　σ,ε——应力和应变；

E——弹性模量；

η——黏性系数；

$\dot{\varepsilon}$——应变的时间变化率。

为了减少计算参数、简化计算模型、提高模型的运算速度，特做出如下假设：

① 岩层都呈层状水平铺设，开采区域呈矩形分布；

② 岩层和煤层都符合开尔文流变理论模型；

③ 研究区域内没有大的地质构造存在和大的地质事件发生；

④ 不考虑采出率问题；

⑤ 岩层的初始垂直应力按下式进行计算：

$$P_z = \gamma H \tag{5-2}$$

式中　P_z——初始垂直应力；

γ——岩层的重度；

H——埋藏深度。

图 5-2 所示为便于分析岩层偏态性沉降特性而建立的坐标系。x 轴沿岩层的中性面轴

线布设，煤柱上方部分为正，采空区上方部分为负；沿垂直方向布设 z 轴，选取向下为正。坐标系原点位于开采边界上方。相应地，在地表也建立地表坐标系 XO_1W。

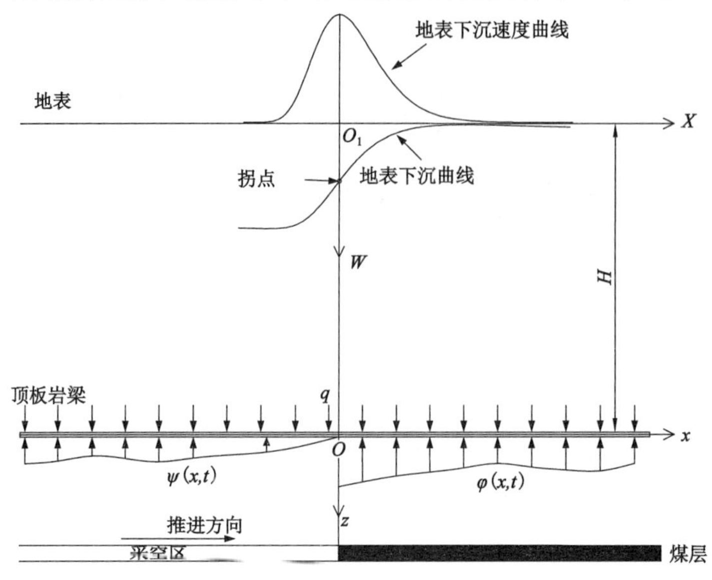

图 5-2 坐标系的建立

5.2 地表下沉盆地的空间偏态性分析

根据材料力学知识可知：

$$\varepsilon(x,t)=\frac{z}{\rho(x,t)}=\frac{\partial^2 W(x,t)}{\partial x^2} \tag{5-3}$$

式中 $\varepsilon(x,t)$，$\rho(x,t)$ ——岩梁中性轴的应变和曲率半径；

z ——计算点到中性轴的距离；

$W(x,t)$ ——岩梁的挠度。

将式(5-3)代入式(5-1)，我们可以得到如下方程：

$$\sigma(x,t)=E_b\frac{z}{\rho(x,t)}+\eta_b z\frac{\partial}{\partial t}\left(\frac{1}{\rho(x,t)}\right) \tag{5-4}$$

式中 E_b，η_b ——岩梁的弹性模型和黏性系数。

岩梁横断面的力矩计算公式如下：

$$M(x,t)=\int_F\sigma(x,t)z\mathrm{d}F=\frac{IE_b}{\rho(x,t)}+I\eta_b\frac{\partial}{\partial t}\left(\frac{1}{\rho(x,t)}\right) \tag{5-5}$$

式中 $M(x,t)$ ——力矩；

$I=\int_F z^2\mathrm{d}F$ ——岩梁的惯性力矩；

F ——岩梁横断面的面积。

加载在岩梁上的荷载可被推导如下：

$$q(x,t)=\frac{\partial^2 W(x,t)}{\partial x^2}=IE_b\frac{\partial^4 W(x,t)}{\partial x^4}+I\eta_b\frac{\partial^5 W(x,t)}{\partial x^5} \tag{5-6}$$

岩梁上表面主要作用有上覆岩层的均匀分布的自重，下表面则分布有基础反力。岩梁不同部位的基础反力如下：

$$\begin{cases} \varphi(x,t)=E_p\varepsilon_p+\eta_p\dot{\varepsilon}_p=\dfrac{E_p}{m}W(x,t)+\dfrac{\eta_p}{m}\dfrac{\partial W(x,t)}{\partial t}\ (x>0) \\ \psi(x,t)=E_k\varepsilon_k+\eta_k\dot{\varepsilon}_k \\ \qquad =\dfrac{E_k}{m}[W(x,t)-W(0,t)]+\dfrac{\eta_k}{m}\dfrac{\partial[W(x,t)-W(0,t)]}{\partial t}\ (x<0) \end{cases} \tag{5-7}$$

式中　$\varphi(x,t)$，$\psi(x,t)$——煤柱侧和采空区侧的基础反力；

m——基岩厚度。

则岩梁的受力计算如下：

$$\begin{cases} q(x,t)=P_z-\varphi(x,t)\ (x>0) \\ q(x,t)=P_z-\psi(x,t)\ (x<0) \end{cases} \tag{5-8}$$

将式(5-7)代入式 (5-8)，我们可以得到如下方程：

$$\begin{cases} P_z=\dfrac{E_p}{m}W_1(x,t)+\dfrac{\eta_p}{m}\dfrac{\partial W_1(x,t)}{\partial t}+ \\ \qquad IE_b\dfrac{\partial^4 W_1(x,t)}{\partial x^4}+I\eta_b\dfrac{\partial^5 W_1(x,t)}{\partial x^5}\ (x>0) \\ P_z=\dfrac{E_k}{m}[W_2(x,t)-W_2(0,t)]+\dfrac{\eta_k}{m}\dfrac{\partial[W_2(x,t)-W_2(0,t)]}{\partial t}+ \\ \qquad IE_b\dfrac{\partial^4 W_2(x,t)}{\partial x^4}+I\eta_b\dfrac{\partial^5 W_2(x,t)}{\partial x^5}\ (x<0) \end{cases} \tag{5-9}$$

根据文献[34]，可以假设：

$$W(x,t)=U(x,t)\exp(-\frac{E_b}{\eta_b}t)+\frac{MP_z}{E_p} \tag{5-10}$$

式中　$U(x,t)$——岩梁的水平位移。

当 $x>0$ 时，将式 (5-10)代入式 (5-9)，可以推导出如下方程：

$$\frac{1}{m}(E_p-\frac{E_b\eta_p}{\eta_b})U(x,t)+\frac{\eta_p}{m}\frac{\partial W_1(x,t)}{\partial t}+I\eta_b\frac{\partial^5 W_1(x,t)}{\partial x^4\partial t}=0 \tag{5-11}$$

假设 $E_b/\eta_b=E_p/\eta_p=k$，则式 (5-11) 可被简化为式 (5-12)：

$$\frac{\partial}{\partial t}\left[\frac{\partial^4 U(x,t)}{\partial x^4}+\frac{E_p}{mIE_b}U(x,t)\right]=0 \tag{5-12}$$

根据式(5-12)，可推导出：

$$\frac{\partial^4 U(x,t)}{\partial x^4}+\frac{E_p}{mIE_b}U(x,t)=f(x) \tag{5-13}$$

式中　$f(x)$——关于 x 的任一函数。

对于式 (5-13)，其一般解如下：

$$\begin{aligned} U(x,t)=&\ e^{\alpha x}[A_1(t)\sin(\alpha x)+A_2(t)\cos(\alpha x)]+ \\ &\ e^{-\alpha x}[A_3(t)\sin(\alpha x)+A_4(t)\cos(\alpha x)]+F(x) \end{aligned} \tag{5-14}$$

$$\alpha=\left(\frac{E_p}{4IE_bM}\right)^{\frac{1}{4}}$$

式中　$F(x)$ ——关于 $f(x)$ 的任一函数。

将式 (5-14) 代入式(5-10)，可以得到岩梁的挠曲线方程：

$$W_1(x,t)=\mathrm{e}^{-kt}\{\mathrm{e}^{\alpha x}[A_1(t)\sin(\alpha x)+A_2(t)\cos(\alpha x)]+\mathrm{e}^{-\alpha x}[A_3(t)\sin(\alpha x)+A_4(t)\cos(\alpha x)]+F(x)\}+\frac{MP_z}{E_p} \tag{5-15}$$

模型的边界条件如下：

$$\begin{cases}\lim\limits_{x\to\infty}W_1(x,t)=\dfrac{MP_z}{E_p}\\ \lim\limits_{t\to 0}W_1(x,t)=\dfrac{MP_z}{E_p}\end{cases} \tag{5-16}$$

根据边界条件,可得：

$$\begin{cases}A_1(t)=A_2(t)=0\\ \lim\limits_{x\to\infty}F(x)=0\end{cases} \tag{5-17}$$

将式 (5-17) 代入式 (5-15)，可得出岩梁的挠曲线方程：

$$W_1(x,t)=\mathrm{e}^{-kt}\mathrm{e}^{-\alpha x}[A_3(t)\sin(\alpha x)+A_4(t)\cos(\alpha x)]+\frac{MP_z}{E_p} \tag{5-18}$$

与此类似,当 $x<0$ 时，岩梁的挠曲线方程可推导如下：

$$W_2(x,t)=\mathrm{e}^{-kt}\left\{\mathrm{e}^{\beta x}[B_1(t)\sin(\beta x)+B_2(t)\cos(\beta x)]-\frac{MP_z}{E_p}\right\}+W_2(0,t)+\frac{MP_z}{E_p} \tag{5-19}$$

$$\beta=\left(\frac{E_k}{4IE_bM}\right)^{\frac{1}{4}}$$

根据式(5-18)推导出 $x>0$ 侧的倾斜、曲率和曲率变化率如下：

$$\begin{cases}W_1(0,t)=\mathrm{e}^{-kt}A_4(t)+\dfrac{MP_z}{E_p}\\ \dfrac{\partial W_1(x,t)}{\partial x}=\alpha\mathrm{e}^{-kt}[A_3(t)-A_4(t)]\\ \dfrac{\partial^2 W_1(x,t)}{\partial x^2}=-2\alpha^2\mathrm{e}^{-kt}A_3(t)\\ \dfrac{\partial^3 W_1(x,t)}{\partial x^3}=2\alpha^3\mathrm{e}^{-kt}[A_3(t)+A_4(t)]\end{cases} \tag{5-20}$$

根据式(5-19)推导出 $x<0$ 侧的倾斜、曲率和曲率变化率如下：

$$\begin{cases}W_2(0,t)=\mathrm{e}^{-kt}\left[B_2(t)-\dfrac{MP_z}{E_k}\right]+W_2(0,t)+\dfrac{MP_z}{E_k}\\ \dfrac{\partial W_2(x,t)}{\partial x}=\beta\mathrm{e}^{-kt}[B_1(t)+B_2(t)]\\ \dfrac{\partial^2 W_2(x,t)}{\partial x^2}=2\beta^2\mathrm{e}^{-kt}B_1(t)\\ \dfrac{\partial^3 W_2(x,t)}{\partial x^3}=2\beta^3\mathrm{e}^{-kt}[B_1(t)-B_2(t)]\end{cases} \tag{5-21}$$

当 $x=0$ 时，两侧的挠度、倾斜、曲率和曲率变化率都相等,因此可得如下结果：

$$\begin{cases} e^{-kt}A_4(t)+MP_z/E_p=e^{-kt}[B_2(t)-MP_z/E_k]+W(0,t)+MP_z/E_k \\ \alpha[A_3(t)-A_4(t)]=\beta[B_1(t)+B_2(t)] \\ -\alpha^2A_3(t)=\beta^2B_1(t) \\ \alpha^3[A_3(t)+A_4(t)]=\beta^3[B_1(t)-B_2(t)] \end{cases} \tag{5-22}$$

解方程式(5-22),可得:

$$\begin{cases} B_1(t)=-\dfrac{\alpha-\beta}{\alpha+\beta}\cdot\dfrac{MP_z}{E_k}(1-e^{-kt}) \\ B_2(t)=\dfrac{MP_z}{E_k}(1-e^{-kt}) \\ A_3(t)=\dfrac{\beta^2}{\alpha^2}\cdot\dfrac{\alpha-\beta}{\alpha+\beta}\cdot\dfrac{MP_z}{E_k}(1-e^{-kt}) \\ A_4(t)=-\dfrac{\beta^2}{\alpha^2}\cdot\dfrac{MP_z}{E_k}(1-e^{-kt}) \\ W_1(0,t)=W_2(0,t)=\dfrac{\beta^2}{\alpha^2}\cdot\dfrac{MP_z}{E_k}(1-e^{-kt})+\dfrac{MP_z}{E_p} \end{cases} \tag{5-23}$$

将式(5-23)代入式(5-18)和式(5-19),并假设 $\alpha=\pi/L_p$,$\beta=\pi/L_k$,可推导出岩梁的挠度曲线方程:

$$\begin{cases} W_1(x,t)=\dfrac{MP_z}{E_k}\dfrac{L_p^2}{L_k^2}(1-e^{-kt})e^{-\frac{\pi}{L_p}x}\left[-\dfrac{L_k-L_p}{L_k+L_p}\sin(\dfrac{\pi}{L_p}x)+\cos(\dfrac{\pi}{L_p}x)\right]+ \\ \qquad \dfrac{MP_z}{E_p},x>0 \\ W_2(x,t)=\dfrac{MP_z}{E_k}(1-e^{-kt})\left\{e^{\frac{\pi}{L_k}x}\left[\dfrac{L_k-L_p}{L_k+L_p}\sin(\dfrac{\pi}{L_k}x)-\cos(\dfrac{\pi}{L_k}x)\right]+1+\dfrac{L_p^2}{L_k^2}\right\}+ \\ \qquad \dfrac{MP_z}{E_p},x<0 \end{cases} \tag{5-24}$$

式中　L_p,L_k ——煤柱侧和采空区侧岩梁压力波的半波长。

挠度曲线 $W(x,t)$ 对时间 t 求一次偏导,可得每个点的下沉速度 $v(x,t)$ 。下沉速度曲线 $v(x,t)$ 对 x 求一次偏导,可得下沉速度沿 X 轴的空间变化率。

当 $x>0$ 时,

$$\begin{aligned} v_1(x,t)&=\frac{\partial W_1(x,t)}{\partial t} \\ &=ke^{-kt}e^{-\frac{\pi}{L_p}x}\frac{MP_z}{E_k}\frac{L_p^2}{L_k^2}\left[-\frac{L_k-L_p}{L_k+L_p}\sin(\frac{\pi}{L_p}x)+\cos(\frac{\pi}{L_p}x)\right] \end{aligned} \tag{5-25}$$

$$\begin{aligned} \frac{\partial v_1(x,t)}{\partial x}&=\frac{\partial^2W_1(x,t)}{\partial t\partial x} \\ &=-\frac{\pi}{L_p}ke^{-kt}e^{-\frac{\pi}{L_p}x}\frac{MP_z}{E_k}\frac{L_p^2}{L_k^2}\left[-\frac{L_k-L_p}{L_k+L_p}\sin(\frac{\pi}{L_p}x)+\cos(\frac{\pi}{L_p}x)\right]+ \\ &\quad ke^{-kt}e^{-\frac{\pi}{L_p}x}\frac{MP_z}{E_k}\frac{L_p^2}{L_k^2}\left[-\frac{L_k-L_p}{L_k+L_p}\cos(\frac{\pi}{L_p}x)\frac{\pi}{L_p}-\frac{\pi}{L_p}\sin(\frac{\pi}{L_p}x)\right] \end{aligned} \tag{5-26}$$

当 $x<0$ 时,

$$v_2(x,t)=\frac{\partial W_2(x,t)}{\partial t}$$

$$= k\mathrm{e}^{-kt}\frac{MP_z}{E_k}\left\{\mathrm{e}^{\frac{\pi}{L_k}x}\left[\frac{L_k - L_p}{L_k + L_p}\sin\left(\frac{\pi}{L_k}x\right) - \cos\left(\frac{\pi}{L_k}x\right)\right] + 1 + \frac{L_p^2}{L_k^2}\right\} \tag{5-27}$$

$$\frac{\partial v_2(x,t)}{\partial x} = \frac{\partial^2 W_2(x,t)}{\partial t \partial x} = k\mathrm{e}^{-kt}\frac{MP_z}{E_k}\frac{\pi}{L_k}\mathrm{e}^{\frac{\pi}{L_k}x}\left[\frac{L_k - L_p}{L_k + L_p}\sin\left(\frac{\pi}{L_k}x\right) - \cos\left(\frac{\pi}{L_k}x\right)\right] +$$

$$k\mathrm{e}^{-kt}\frac{MP_z}{E_k}\frac{\pi}{L_k}\mathrm{e}^{\frac{\pi}{L_p}x}\left[\frac{L_k - L_p}{L_k + L_p}\cos\left(\frac{\pi}{L_k}x\right) + \sin\left(\frac{\pi}{L_k}x\right)\right] \tag{5-28}$$

由于顶板破断后，直接顶充填采空区并支撑覆岩，且破碎充填岩石的强度小于煤柱，所以具有如下关系：

$$\begin{cases} E_k < E_p \\ \beta < \alpha \\ L_p < L_k \end{cases} \tag{5-29}$$

将式(5-29) 代入式(5-26) 和式(5-28)，可推导出如下关系：

$$\frac{\partial^2 W_1(x,t)}{\partial t \partial x} < \frac{\partial^2 W_2(x,t)}{\partial t \partial x} \tag{5-30}$$

因此，采空区侧地表下沉速度沿 X 轴的变化率大于煤柱侧的。也就是说，采空区侧的下沉速度曲线较陡，煤柱侧的下沉速度曲线较缓，两侧并非在拐点处呈反对称分布。顶板的弯曲和下沉导致地表的下沉，地表的下沉速度曲线类似于顶板的。也就是说，地表的下沉速度曲线并非在拐点处呈反对称分布，而是在煤柱侧较缓，采空区侧较陡。即空间域下沉速度曲线呈现空间右偏偏态分布特征。

5.3 采动影响区地表点下沉的时间偏态性分析

波动曲线反映了某一时刻大量质点在空间的振动分布规律，而振动曲线则反映了单一质点在时间上的振动分布规律。如图 5-3 所示，波动曲线沿着 X 轴正方向以正弦波的形式向前传播，在 $t=0$ 时刻的每个质点的振动位置如图 5-3(a)所示，此时质点 A 未受波动影响。根据波动理论，点 A 的振动曲线如图 5-3(b)所示。对比图 5-3(a) 和图 5-3(b)可知，点 A 处的波动曲线和振动曲线是对称分布的。

由上节可知，地表下沉速度沿工作面推进方向在空间上是呈非对称分布的，采空区下沉速度曲线比煤柱侧陡。随着工作面的不断推进，呈非对称分布的下沉速度曲线沿工作面推进方向不断向前传播(图 5-4)。与波动、振动曲线关系类似，地表点 B 在时间域的下沉速度曲线如图 5-5 所示。

下沉速度数值的大小反映了地表移动的剧烈程度。根据地表下沉速度值的大小和其对地表构(建)筑物的影响，地表点的整个移动过程可被分为初始、加速、减速和结束 4 个沉降阶段。

① 初始沉降阶段：从地表点开始移动到下沉速度达到 1.67 mm/d 或 50 mm/月，对应于图 5-5 中的阶段Ⅰ。

② 加速沉降阶段：从下沉速度大于 1.67 mm/d 到最大下沉速度值阶段，对应于图 5-5 中的阶段Ⅱ。

③ 减速沉降阶段：从最大下沉速度值到下沉速度小于 1.67 mm/d 阶段，对应于图 5-5 中的阶段Ⅲ。

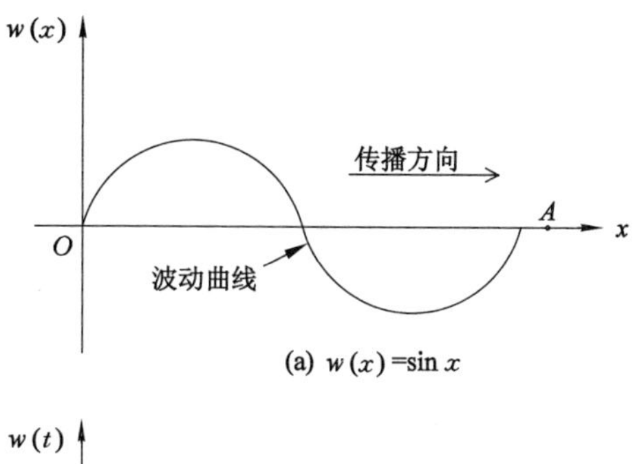

(a) $w(x)=\sin x$

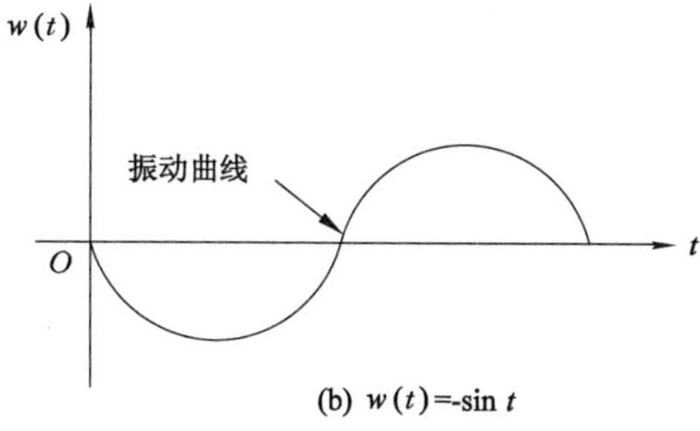

(b) $w(t)=-\sin t$

图5-3　波动和振动曲线

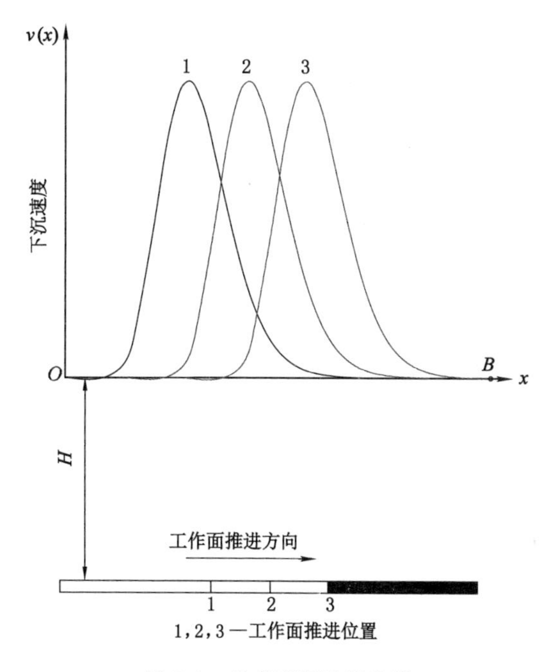

图5-4　地表下沉速度曲线

④ 结束沉降阶段：从下沉速度小于1.67 mm/d到下沉停止阶段，对应于图5-5中的阶段Ⅳ。

如图5-5所示，初始沉降阶段和加速沉降阶段的总时间小于减速沉降阶段和结束沉降阶段。即点B的下沉速度曲线在最大下沉速度处并不呈左右对称分布，下沉曲线在拐点处并不呈反对称分布。初始和加速沉降阶段的下沉曲线和下沉速度曲线较陡，减速和结束沉降阶段的下沉曲线和下沉速度曲线较缓。单点时间域下沉速度曲线呈现右偏偏态分布

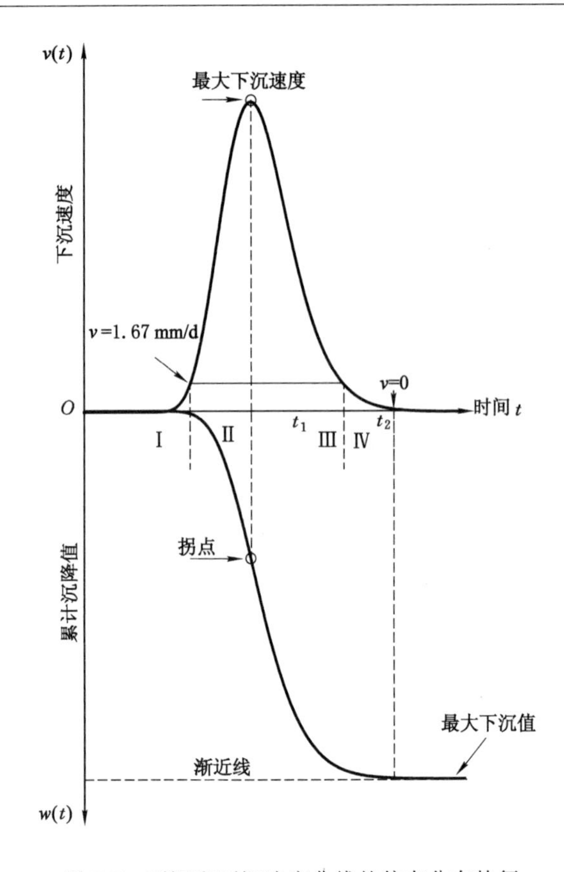

图 5-5　下沉和下沉速度曲线的偏态分布特征

特征。

5.4　覆岩位移边界的形态偏态性分析

5.4.1　基岩位移边界形态

根据岩体力学知识可知，基岩岩层的位移边界距离开采边界约等于 1/4 的压力波波长。而煤柱侧岩梁在垂直层面方向上受压，在平行层面方向上受拉。根据岩体力学相关理论可知，在压缩应力作用下，与压应力相同方向和与压应力垂直方向上的纵波波速与压缩应力的关系如图 5-6 所示。

经拟合可得，与压应力垂直方向上的纵波波速与压缩应力的关系如式(5-31)所示。

$$v_p = (A - p)^n \quad n \in (0,1) \tag{5-31}$$

通过煤矿开采沉陷一般理论，并结合数值模拟结果(图 5-7)可知：

① 煤柱侧覆岩离开采煤层越远，下沉值越大，且呈对数式增长。距离开采边界越近，增长曲线越陡；反之离开采边界越远，增长曲线越缓，接近于直线。

② 采空区侧覆岩离开采煤层越远，下沉值越小，且呈对数式减小。

③ 煤柱侧覆岩的下沉值小于同岩层采空区侧的下沉值。

则煤柱侧覆岩的下沉值计算可采用如下公式：

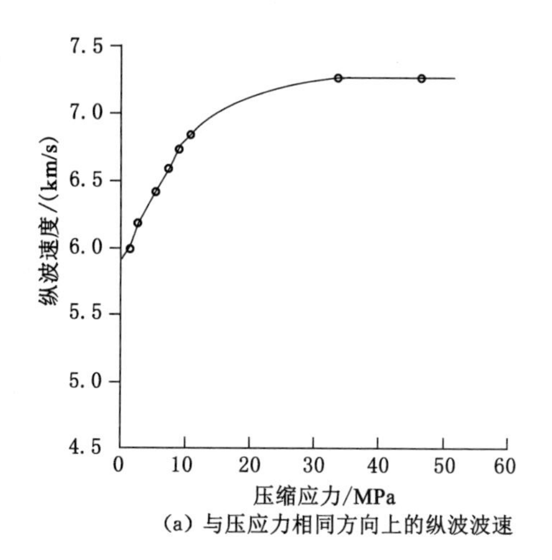

(a) 与压应力相同方向上的纵波波速

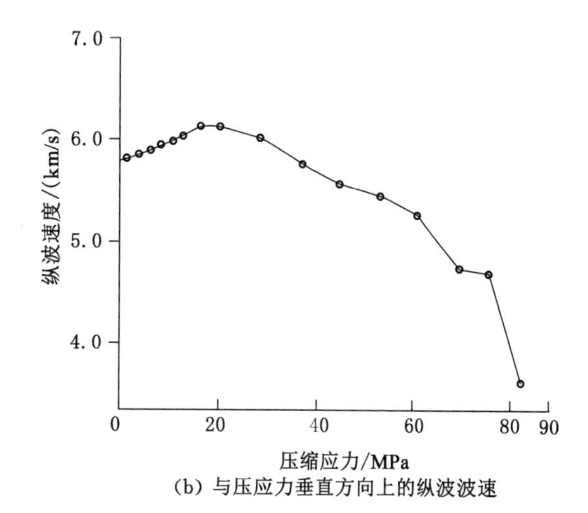

(b) 与压应力垂直方向上的纵波波速

图 5-6　压力波波速变化曲线

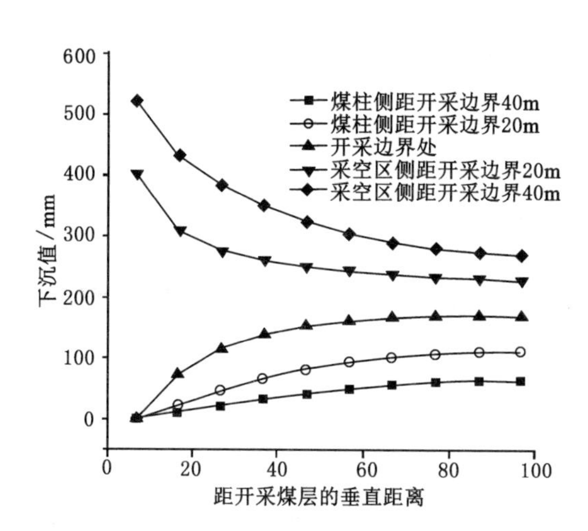

图 5-7　覆岩下沉的纵横向分布规律

$$w(z) = \ln(kz) \tag{5-32}$$

根据文献[34]可知，下伏岩体对岩梁的支承反力与该处岩梁的下沉值成正比，即

$$\varphi(z) = c\ln(kz) \qquad (c > 0) \tag{5-33}$$

则岩体垂直层面方向上所受的压缩应力为：

$$p = P_z - \varphi = \gamma(H - z) - c\ln(kz) \tag{5-34}$$

将式(5-34)代入式(5-31)，可得垂直于压缩应力方向上的纵波波速随其与开采煤层之间距离的变化关系，如式(5-35)所示：

$$v_p = [A - \gamma H + \gamma z + c\ln(kz)]^n \tag{5-35}$$

则垂直于压缩应力方向上的纵波波长随其与开采煤层之间距离的变化关系可由下式计算：

$$L = v_p / f = [A - \gamma H + \gamma z + c\ln(kz)]^n / f \tag{5-36}$$

两者之间的关系可由图 5-8 表示：

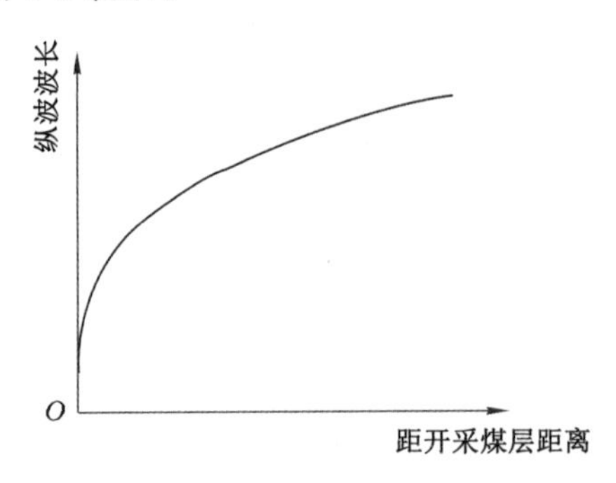

图 5-8　纵波波长与其和开采煤层的距离之间的关系

综上所述可知，岩层移动边界随岩层与开采煤层垂直距离的增加而外扩，基岩移动边界整体呈下凹形，如图 5-9 所示。

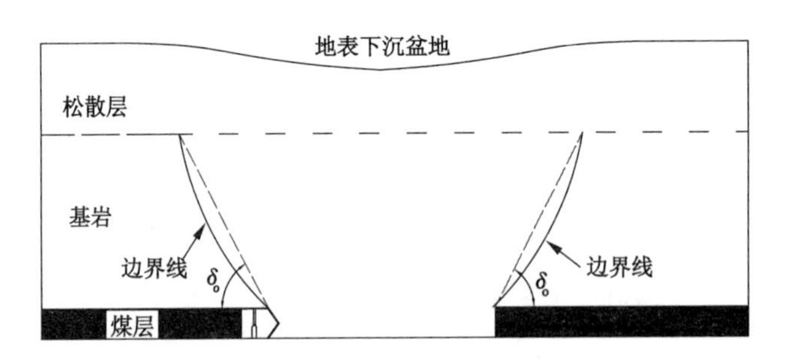

图 5-9　基岩移动边界形状

5.4.2　松散层位移边界形态

通过上节对砂土类松散层介质和黏土类松散层介质的沉陷规律分析结果，可知黏土类松散层介质的沉陷范围和沉陷程度均比砂土类松散层介质的小。但相较于基岩来说，不论是砂质松散层还是黏质松散层，其强度和抗变形能力都非常弱。因此，在分析松散层位移边界时，不考虑松散层的物质组成这一因素，宜将松散层概化为随机介质。

松散层位移边界分析示意图如图 5-10 所示。

如图 5-10 所示，当随机颗粒 a 移走后，随机颗粒 c 向 a 的位置滑移时，随机颗粒 c 承受的力主要有两部分：自身重力 W 和随机颗粒 b 对其的水平推力 T。假设移动边界线与水平面的夹角为 α，则随机颗粒 c 沿位移边界线的滑动力为 $R_f=W\sin\alpha$，垂直于移动边界的正应力为 $N=W\cos\alpha+T\sin\alpha$，则由正应力产生的抗滑力为：

$$N\tan\varphi=(W\cos\alpha+T\sin\alpha)\tan\varphi \tag{5-37}$$

总的抗滑力为：

$$R_t=(W\cos\alpha+T\sin\alpha)\tan\varphi+T\cos\alpha \tag{5-38}$$

则当 $R_f=R_t$ 时，随机颗粒 c 处于临界滑动状态，可得式(5-39)：

$$\frac{W\sin\alpha}{(W\cos\alpha+T\sin\alpha)\tan\varphi+T\cos\alpha}=1 \tag{5-39}$$

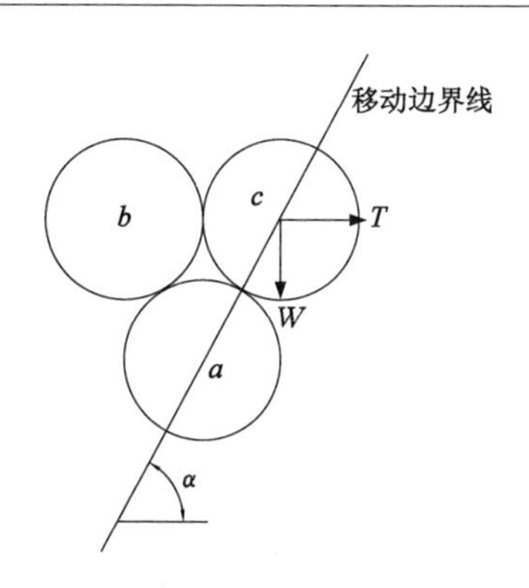

图 5-10　松散层位移边界分析示意图

则由式(5-39)可导出：

$$\tan \varphi = \frac{W - T\cot \alpha}{T + W\cot \alpha} \tag{5-40}$$

所以内摩擦角 φ 越大，移动边界线与水平面的夹角 α 也越大。而根据土力学相关知识，可知松散层埋深越大，压实度也越大，相对密度也越大，而内摩擦角也越大[116-117]。则可推出如下结论：从松散层底部到地表，移动边界线与水平面的夹角逐步变小，则松散层内位移边界线为上凸形。其位移边界形态如图 5-11 所示。

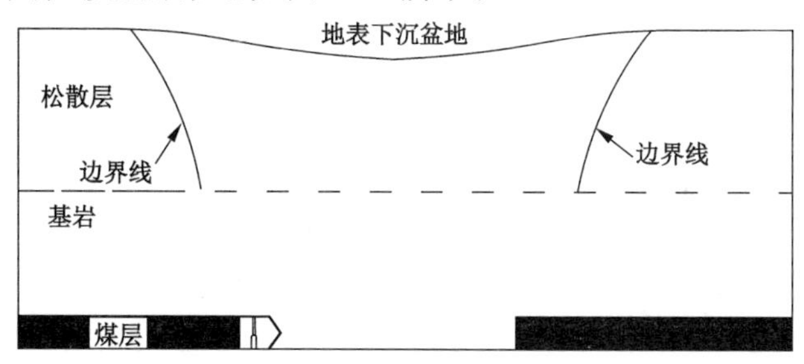

图 5-11　松散层位移边界形态

5.4.3　覆岩位移边界总形态

综上可知，基岩内位移边界为上凹形，而松散层内位移边界为上凸形。岩土体内覆岩位移边界总形态为"碗"形。

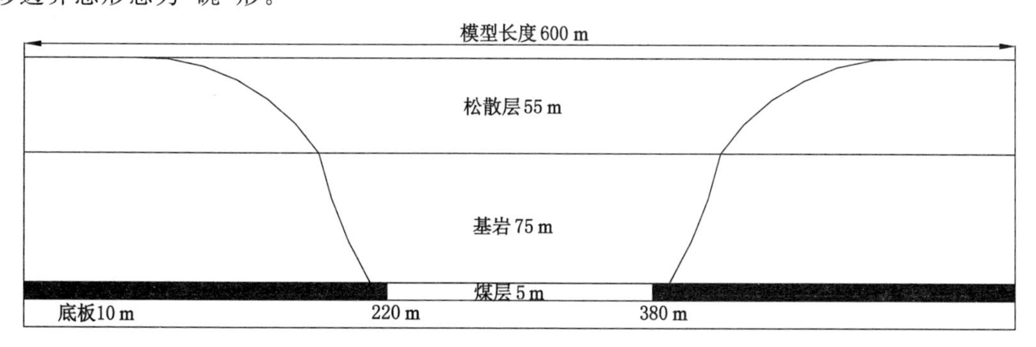

图 5-12　覆岩位移边界示意图

5.5 本章小结

本章采用理论分析，对近水平煤层高强度开采条件下地表沉陷的空间、时间和形态三个方面进行了偏态性分析研究，得出如下结论：

① 在工作面推进过程中，采空区侧地表下沉速度沿 X 轴的变化率大于煤柱侧的。即采空区侧的下沉速度曲线较陡，煤柱侧的下沉速度曲线较缓，两侧并非在拐点处呈反对称分布。下沉速度曲线在空间域上表现出右偏偏态分布特征。

② 岩梁在采空区侧和煤柱侧具有不同的支承反力。这种不同导致了地表下沉速度曲线的非对称分布特征，进而导致地表偏态移动盆地的形成。地表点的整个移动过程可划分为初始、加速、减速和结束四个沉降阶段。初始和加速沉降阶段的总时间小于减速和结束阶段的总时间。初始和加速沉降阶段的下沉曲线和下沉速度曲线较陡，减速和结束沉降阶段的下沉曲线和下沉速度曲线较缓。下沉速度曲线在时间域上表现出右偏偏态分布特征。

③ 通过理论分析得到，基岩内位移边界为上凹形，而松散层内位移边界为上凸形。岩土体内覆岩位移边界总形态为“碗”形。沉陷在覆岩位移边界上表现出偏态分布特征。

第 6 章　近水平煤层高强度开采地表沉陷预测模型

6.1　单点时间域覆岩及地表沉陷预测模型的构建

6.1.1　预测函数选择的合理性分析

由第 5 章可知，近水平煤层高强度开采下沉速度曲线符合右偏偏态分布规律，故选取的函数应满足这样两个条件：① 右偏偏态性；② 归一性。现对选取的对数正态分布密度函数进行分析。

(1) 对数正态分布密度函数的右偏偏态性

对数正态分布密度函数表达式如下：

$$f(x)=\begin{cases}\dfrac{1}{\sqrt{2\pi}\sigma x}\exp\left[-\dfrac{(\ln x-u)^2}{2\sigma^2}\right] & x>0\\ 0 & x\leqslant 0\end{cases}\tag{6-1}$$

式中　x ——随机变量；

u —— $\ln x$ 的期望值；

σ —— $\ln x$ 的标准差。

对数正态分布密度函数的极大值为：

$$f_{\max}(x)=\frac{\exp(\mu-\sigma^2/2)}{\sigma\sqrt{2\pi}}\tag{6-2}$$

对数正态分布密度函数的均值为：

$$E=\exp(\mu+\sigma^2/2)\tag{6-3}$$

通过对比式(6-2)和式(6-3)，可知：

$$f_{\max}(x)<E\tag{6-4}$$

故对数正态分布密度函数的极大值小于均值，极大值在均值的左侧，所以对数正态分布密度函数为右偏态。

(2) 对数正态分布密度函数的归一性

将对数正态分布密度函数在 $(-\infty,+\infty)$ 做积分，过程如下：

$$f(x)=\int_{-\infty}^{+\infty}\frac{1}{\sqrt{2\pi}\sigma x}\exp\left[-\frac{(\ln x-u)^2}{2\sigma^2}\right]\mathrm{d}x$$

$$=\int_{0}^{+\infty}\frac{1}{\sqrt{2\pi}\sigma x}\exp\left[-\frac{(\ln x-u)^2}{2\sigma^2}\right]\mathrm{d}x$$

$$=\frac{1}{\sqrt{\pi}}\int_{0}^{+\infty}\exp\left[-\left(\frac{\ln x-u}{\sqrt{2}\sigma}\right)^{2}\right]\mathrm{d}\left(\frac{\ln x-u}{\sqrt{2}\sigma}\right) \tag{6-5}$$

令 $z=\frac{\ln x-u}{\sqrt{2}\sigma}$，则 $z\in(-\infty,+\infty)$。则式(6-5)可变为：

$$F(z)=\frac{1}{\sqrt{\pi}}\int_{-\infty}^{+\infty}\mathrm{e}^{-z^{2}}\,\mathrm{d}z=1 \tag{6-6}$$

综上所述，对数正态分布密度函数满足右偏偏态性和归一性两个条件，故选取对数正态分布密度函数构建下沉速度动态预测模型具有一定的合理性。

6.1.2 预测模型的构建

对数正态分布密度函数的概率密度函数和累积分布函数如下：

$$f(x)=\begin{cases}\frac{1}{\sqrt{2\pi}\sigma x}\exp\left[-\left(\frac{\ln x-\mu}{\sqrt{2}\sigma}\right)^{2}\right] & x>0\\ 0 & x\leqslant 0\end{cases} \tag{6-7}$$

$$F(x)=\frac{1}{2}+\frac{1}{2}\mathrm{erf}\left(\frac{\ln x-\mu}{\sqrt{2}\sigma}\right) \tag{6-8}$$

式中 μ——$\ln x$ 的期望值；

σ——$\ln x$ 的标准差；

x——自变量；

$f(x)$——概率密度函数；

$F(x)$——累积分布函数。

根据地表点下沉和下沉速度曲线的特征，可知充分采动区内地表点的下沉速度曲线呈右偏偏态分布。基于对数正态分布函数模型构建了偏态预计模型，如下式所示：

$$v(t)=\frac{w_{o}}{\sqrt{\pi}Bt}\exp\left[-\left(\frac{\ln t-A}{B}\right)^{2}\right] \tag{6-9}$$

式中 t——监测时间；

w_{o}——最大下沉值；

A——位置参数；

B——形状参数；

T——地表点的移动持续时间。

考虑到 $\ln(T\text{-}t)$ 函数定义域 $T\text{-}t>0$ 的要求，T 值计算如下：

$$T=T_{0}+0.5 \tag{6-10}$$

式中 T_{0}——监测总时间。

基于改进模型构建的地表累计下沉量预计模型如下：

$$w(t)=w_{0}\left[\frac{1}{2}+\frac{1}{2}\mathrm{erf}\left(\frac{\ln t-A}{B}\right)\right] \tag{6-11}$$

6.1.3 预测模型的精度分析

模型参数可通过非线性曲线拟合实测数据的方法，依据最小二乘法原理获得。依据下沉速度曲线和下沉曲线的发育趋势，地表点的下沉和下沉速度值可用预计模型和模型参数求得。

为评估预计模型的预测精度，采用相对误差的概念。相对误差计算如下：

$$f = \frac{|m|}{W} \tag{6-12}$$

式中　f——相对误差；

W——实测最大下沉值；

m——中误差，其可由式(6-13)计算得到。

$$m = \pm\sqrt{\frac{[\Delta^2]}{n}} \tag{6-13}$$

式中　Δ——某点实测值和预计值的差值；

[ ]——各项相加；

n——参与计算的点数。

6.1.4　预测模型的应用范围

对数正态预计模型是一个符合偏态曲线特征的统计数学模型，因此对数正态预计模型的应用具有局限性。当岩层移动仅受自重和上覆岩层压力的影响时，预计模型的预测精度是较高的。但是当区域内有大的地质构造或大的地质事件发生时，该预计模型的适用性将降低，预计精度也将降低。

6.1.5　模型参数和函数特征

A是位置参数，当$t=e^A$时，地表点的下沉速度曲线和下沉曲线的倾斜将最大。B是形态参数，B值越大，下沉和下沉速度曲线越平缓；B值越小，下沉和下沉速度曲线越陡。

地表点的下沉速度先增加到最大值，然后减小到零，但是其累计沉降值则一直增加。当$t<e^A$时，下沉速度曲线上凹，下沉曲线上凸，此时的移动变形处于加速沉降阶段；当$t=e^A$时，下沉速度曲线 和下沉曲线倾斜达到最大值；当$t>e^A$时，下沉速度曲线下凸，下沉曲线下凸，移动变形处于减速沉降阶段。

6.2　地表下沉速度时空分布规律的模拟分析

最大下沉速度往往滞后于工作面推进位置一段距离，该滞后距离称为最大下沉速度滞后距。但最大下沉速度滞后距是一个几何概念，未能从沉陷机理上对滞后现象进行解释。所以本书通过对“地下开采—顶板垮落—覆岩破坏—地表沉陷”这一沉陷发育过程进行深入分析，进而建立时空域上的井上下联系，以此研究高强度开采下沉速度的时空分布规律。

6.2.1　模型的建立

参照某近水平煤层高强度开采工作面的地质采矿条件进行相似模型试验。模型架尺寸为4 000 mm×300 mm×1 500 mm。根据相似理论，试验设计模型几何相似系数为1∶100，重度时间相似系数为1∶10，容重相似系数为0.6，强度相似系数为0.006。试验选用沙、碳酸钙、石膏和水为原料并根据岩性选用对应的配比号制作模型。岩层各层选用的配比号见表6-1。模型中煤层厚5.39 cm，上覆岩层厚131 cm，其中基岩厚89 cm，松散层厚42 cm。煤岩层水平铺设，每次开挖15 cm。

表 6-1 模型相似材料配比及用量表

序号	岩层名称	模型厚度	铺设层数	配比号	序号	岩层名称	模型厚度	铺设层数	配比号
1	细粒砂岩	8.0	4	473	11	粉砂岩	2.0	2	546
2	粉砂岩	6.0	2	546	12	砂质泥岩	13.5	9	637
3	2-2 煤层	5.2	1	755	13	粉砂岩	5.0	5	546
4	粉砂岩	7.0	7	546	14	细粒砂岩	4.0	4	473
5	中粒砂岩	3.0	3	455	15	中粒砂岩	6.0	6	455
6	砂质泥岩	3.0	3	637	16	粉砂岩	4.0	4	546
7	细粒砂岩	6.0	6	473	17	砂质泥岩	5.0	5	637
8	中粒砂岩	5.0	5	455	18	沙砾石层	13.5	9	746
9	细粒砂岩	4.0	4	473	19	黄土	26.0	13	873
10	细粒砂岩	7.0	7	473	20	风积沙	16.0	8	982

6.2.2 下沉速度时空分布规律的分析

模型制作完风干后，进行模拟开挖，最终覆岩破坏形态如图 6-1 所示。

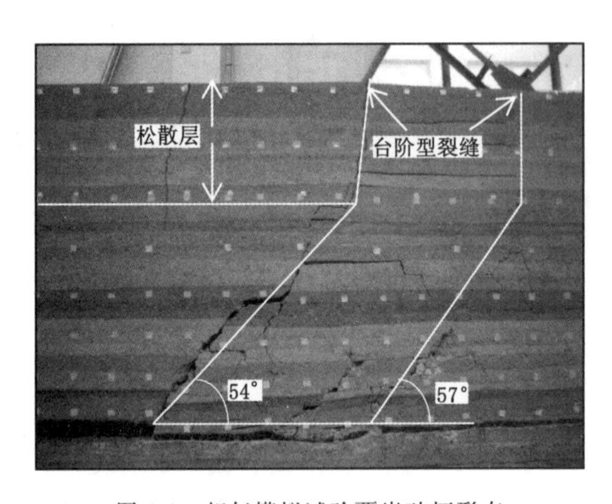

图 6-1 相似模拟试验覆岩破坏形态

从图 6-1 中可看出，基岩主要沿着基岩破断角方向发生全厚破断，松散层的破坏类型主要为剪切破坏，破坏方向为垂直向上。覆岩移动稳定后，停采线及开切眼处覆岩破坏最外边界为两条近似直线的裂缝迹线，覆岩破坏主要发生于边界线之间，边界线和水平线之间在采空区一侧的夹角称为基岩破断角。图 6-1 说明，高强度开采基岩破坏沿基岩破断角方向向上发展，松散层破坏近似以垂直方向向上发育，直达地表，形成台阶型裂缝。模型试验测得的工作面推进位置处基岩破断角为 54°～57°，取其平均值 56°。

地表台阶型裂缝的出现瞬间改变了原有地表下沉速度场的分布。近水平煤层高强度开采地表下沉速度分布、地表台阶型裂缝发育和工作面的顶板垮落情况的相关信息见表 6-2。

表 6-2　地表下沉速度空间分布规律分析

下沉速度分布	台阶型裂缝发育	工作面顶板周期性垮落
最大下沉速度滞后距为 57 m	台阶型裂缝滞后距为 60 m	—
—	台阶型裂缝间距 8～11 m，平均为 10 m	周期来压步距为 10 m

注：最大下沉速度滞后距和台阶型裂缝滞后距分别为最大下沉速度点和台阶型裂缝滞后于工作面推进位置的距离。

结合相似模拟试验，由表 6-2 可知，顶板垮落、覆岩破坏和地表下沉速度分布三者之间具有如下关系(图 6-2)：

① 最大下沉速度位于台阶型裂缝处，其位置可由工作面推进位置和基岩破断角实时确定。

② 地表下沉速度动态分布具有周期性，且与顶板岩层垮落和台阶型裂缝的周期相同。

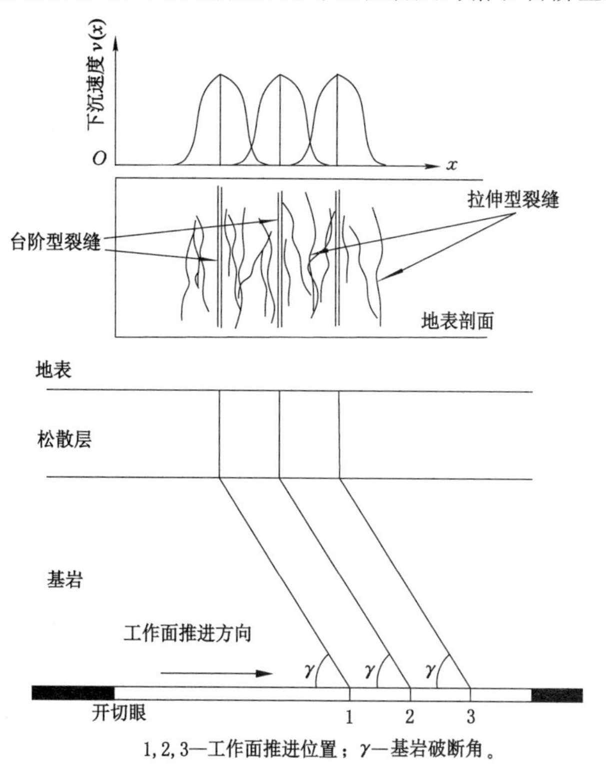

图 6-2　地表下沉速度动态分布与覆岩破断关系井上下对照图

由上可知，最大下沉速度发生于台阶型裂缝处，其位置可由工作面推进位置和基岩破断角实时确定。所以近水平煤层高强度开采地表最大下沉速度滞后于工作面推进位置的距离可由式(6-14)计算获得。

$$L = H_{\mathrm{j}} \cot \gamma \tag{6-14}$$

式中　L ——最大下沉速度滞后距，m；

H_{j} ——基岩厚度，m；

γ ——基岩破断角，(°)。

6.3 空间域地表沉陷动态预测模型的建立

6.3.1 预测函数选择的合理性分析

空间域预测模型函数的选择，仍然采用对数正态函数。该函数的右偏偏态性和归一性已在 6.1.1 节中阐述，此处不再赘述。

6.3.2 空间域地表沉陷动态预测模型的构建

在无大的地质构造和地表起伏的条件下，充分采动阶段各个时期的下沉速度曲线在形态、极值和与工作面的相对位置等方面都具有相似性。充分采动阶段内各个时期的下沉速度曲线可看作某一时刻的下沉速度曲线随工作面推进在工作面推进方向上的整体平移。平移量等于两个时刻最大下沉速度点之间的距离。设有如图 6-3 所示的坐标系统，坐标原点位于开切眼正上方对应的地表点上，横坐标轴 x 沿平行于工作面推进方向布设，且沿工作面推进方向为正，纵坐标轴 $v(x)$ 竖直向上为正，代表横坐标为 x 的地表点的下沉速度值。

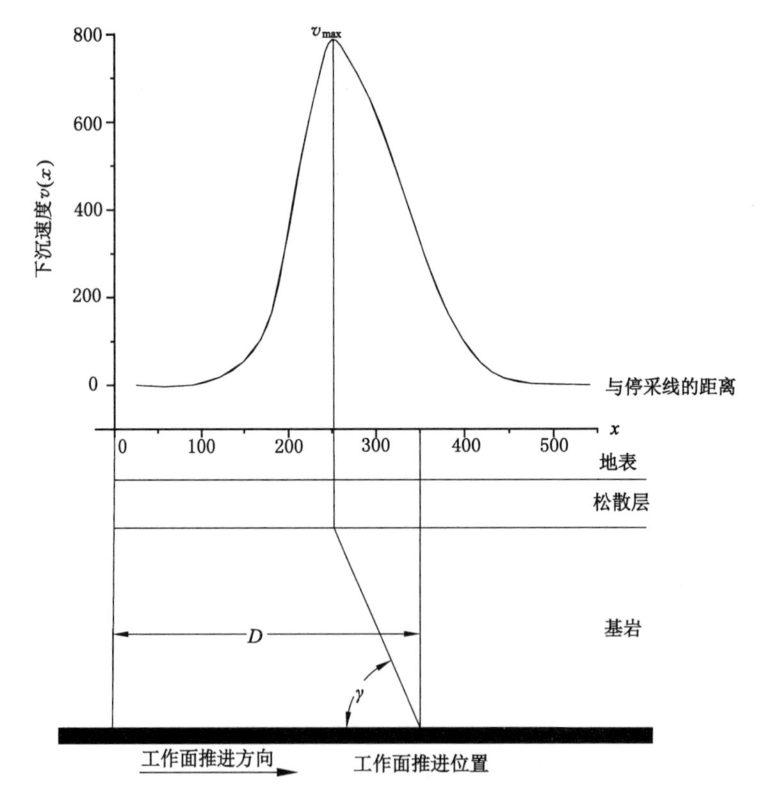

图 6-3 坐标系的建立

最大下沉速度点在坐标系中的位置可由下式确定：

$$x_{vm} = D - H_j \cot \gamma \tag{6-15}$$

式中 D ——工作面推进距离，m；

H_j ——基岩厚度，m；

γ——基岩破断角，(°)。

两个时刻最大下沉速度点之间的距离 d 可由下式计算：

$$d = x_{vm1} - x_{vm2} = D_1 - D_2 \tag{6-16}$$

式中　x_{vm1}，x_{vm2}——时刻1和时刻2最大下沉速度点离开切眼的距离，m；

D_1、D_2——时刻1和时刻2工作面的推进距离，m。

则由式(6-16)可知，充分采动阶段任意两个时刻最大下沉速度点之间的距离等于该段时间工作面的推进距离。

假设某一充分采动时刻获得工作面的下沉速度实测数据，通过拟合得出的该时刻的下沉速度预测模型如下：

$$v(x) = \frac{p_1}{x}\exp\left[-\frac{1}{2}\left(\frac{\ln x - p_2}{p_3}\right)^2\right] \tag{6-17}$$

式中　$v(x)$——横坐标为 x 的地面点的下沉速度值，mm/d；

p_1，p_2，p_3——模型参数。

自该时刻起，工作面又推进距离 d 时的地表下沉速度预测模型如下：

$$v(x) = \frac{p_1}{x-d}\exp\left[-\frac{1}{2}\left(\frac{\ln(x-d) - p_2}{p_3}\right)^2\right] \tag{6-18}$$

6.4　本章小结

根据近水平煤层高强度开采地表的偏态沉陷特征，从时间和空间两个方面构建了相应的偏态沉陷预测模型，并对其合理性进行了相关分析研究。

第7章 工程应用

7.1 实例一

7.1.1 地表偏态沉陷空间分布规律的实例验证

选取神东矿区22407工作面实地监测数据进行分析。该工作面采深为135 m,其中基岩厚73 m,松散层厚57 m,煤厚5.2 m。工作面尺寸为3 224 m×284 m,煤层倾角为1°左右,工作面推进速度为15 m/d。沿工作面走向在停采线一端布设地表移动观测站。选用2014年1月6日、1月8日和1月10日的地表下沉速度数据进行分析。已知数据共有23个监测点,其监测数据如图7-1所示。

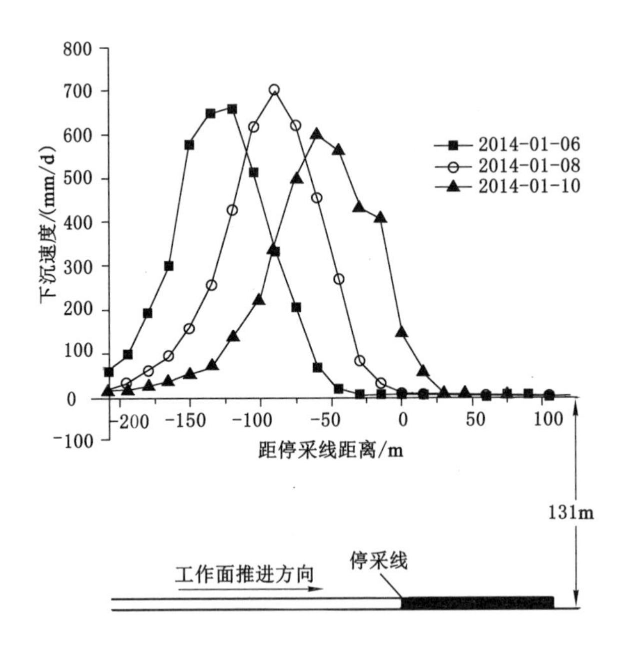

图7-1 监测数据

正态分布和偏态分布可以用偏度系数来描述,反映数据分布偏移中心位置的程度。在正态分布条件下,其偏度系数等于0。偏度系数 $S_k>0$ 时为右偏态,偏度系数 $S_k<0$ 时为左偏态。

偏度系数计算公式如下:

$$S_k = \frac{\bar{X} - M_0}{\sigma} \tag{7-1}$$

式中 S_k——偏度系数；

M_0——众数；

σ——标准差。

计算其偏度系数，整理后可得表 7-1。

表 7-1 偏度分析

日期	最小值	最大值	平均值	标准偏差	偏度
2014-01-06	3.00	659.50	160.6304	229.75240	2.171
2014-01-08	3.50	700.50	166.6087	232.71241	2.294
2014-01-10	3.00	598.50	158.1522	205.77141	2.140

由表 7-1 可以得出，该月 6 日、8 日、10 日所监测地表下沉速度数据的偏度均大于 0，即三次监测的地表下沉速度数据均呈右偏分布，煤柱侧下沉速度曲线较陡，采空区侧较缓，验证了前述理论分析结果。

7.1.2 预测模型的实例验证

以哈拉沟 22407 工作面为例，以 2014 年 1 月 6 日的地表实测下沉速度数据进行非线性曲线最小二乘拟合求取预测参数。得到的预测方程如下：

$$v(x) = \frac{2\ 149\ 100}{x} \exp\left[-0.5\left(\frac{\ln x - 8.07}{0.01}\right)^2\right] \tag{7-2}$$

预测参数：$p_1 = 2\ 149\ 100$，$p_2 = 8.07$，$p_3 = 0.01$。

然后将预测参数代入预测模型式(7-2)，对后续地表下沉速度进行预测。2014 年 1 月 8 日和 2014 年 1 月 10 日两个时间点的预测与实测结果对比分析见图 7-2 和表 7-2。

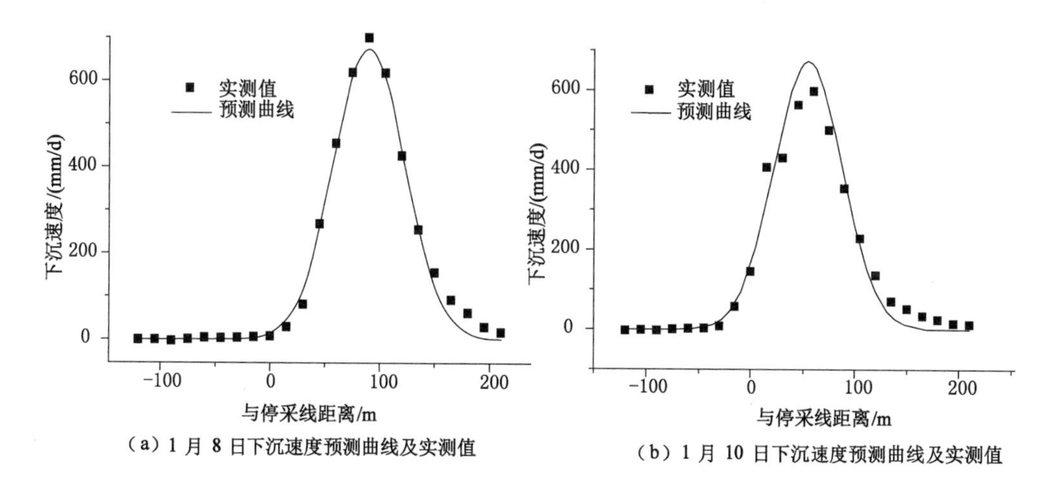

(a) 1 月 8 日下沉速度预测曲线及实测值

(b) 1 月 10 日下沉速度预测曲线及实测值

图 7-2 不同日期的地表下沉速度曲线对数正态分布预测曲线及实测值

表 7-2 下沉速度预测效果

哈拉沟煤矿 22407 工作面			补连塔矿		
日期	R^2	标准差与实测最大下沉速度值的比值	开采阶段	R^2	标准差与实测最大下沉速度值的比值
2014-01-08	0.98	3.3%	开挖 210 m 时	0.91	4.1%
2014-01-10	0.96	6.9%	开挖 300 m 时	0.92	6.7%
			开挖 350 m 时	0.91	5.6%

7.2 实 例 二

选用相邻的补连塔矿近水平煤层高强度开采工作面实测数据对模型进行应用分析[114]。工作面走向长 3 592 m，倾向长 300.5 m，煤层倾角为 1°～3°，采高为 4.5 m，平均采深200 m，上覆岩层岩性为中硬至偏硬。采用综合机械化长壁开采方法进行开采，平均开采速度为 12 m/d，用完全垮落式方法管理顶板。为进行岩移观测，在工作面开切眼一侧布设半条走向观测线，在煤柱上方布设观测线长度 380 m，在采空区上方布设观测线长度 500 m，测点间距为 20 m(煤柱上方区域)和 30 m(采空区上方区域)。选取走向观测线充分采动时期内工作面推进 133 m、210 m、300 m 和 350 m 四个时间点的地表下沉速度实测数据进行模型的应用分析。

采用工作面推进 133 m 时的实测数据并进行非线性曲线拟合求取预测参数，非线性拟合曲线拟合方程如下：

$$v(x)=\frac{105\ 000}{x}\exp\left[-0.5\left(\frac{\ln x-5.98}{0.07}\right)^2\right] \tag{7-3}$$

拟合预测参数：$p_1=105\ 000$，$p_2=5.98$，$p_3=0.07$。

然后将预测参数代入预测模型式(7-3)并对后续地表下沉速度进行预测。工作面推进 210 m、300 m 和 350 m 三个时间点的预测与实测结果对比分析见图 7-3 和表 7-2。

由图 7-2、图 7-3 和表 7-2 可知，采用对数正态模型预测时，预测和实测曲线的相关系数均在 0.9 以上，标准差与实测最大下沉速度值的比值均小于 7.0%，说明对数正态密度函数适用于下沉速度预测模型建立，且模型预测值与实测值相差较小，模型预测精度高，较为符合现场实际。

7.3 本 章 小 结

采用现场实测数据对前述建立的偏态沉陷预测模型进行了验证分析。结果显示，所建立的预测模型预测值与实测值相差较小，模型预测精度高，符合现场工程实际。

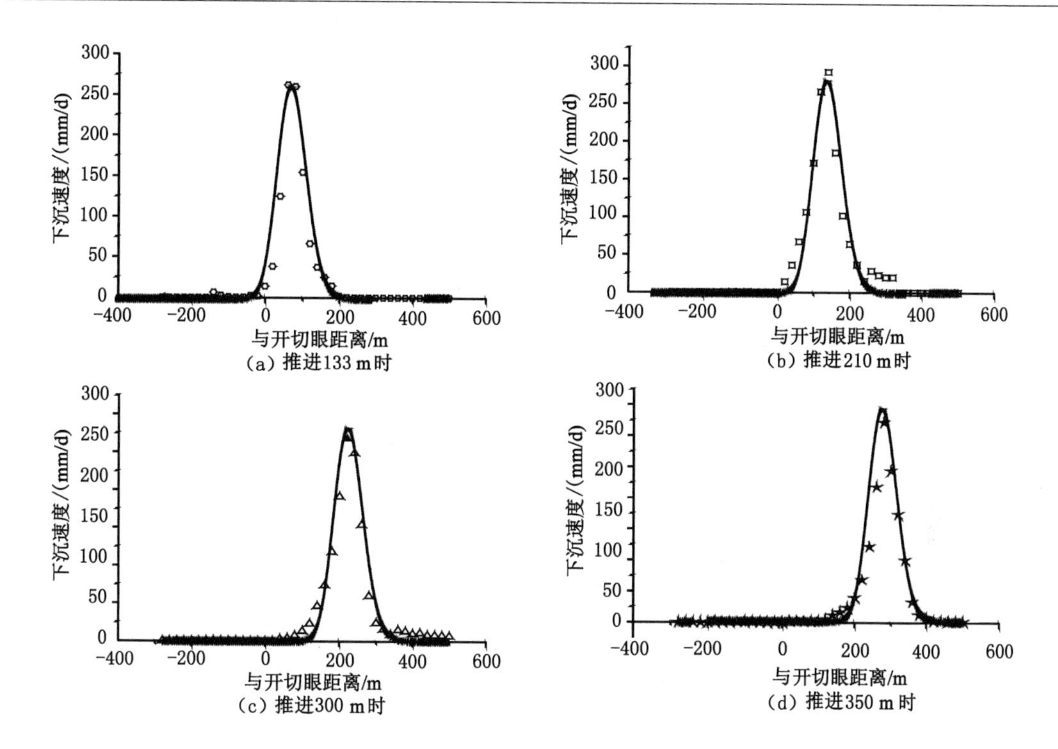

图 7-3　不同推进距离时的地表下沉速度曲线对数正态分布预测结果

第8章 结 论

近水平煤层高强度开采覆岩破坏严重，地表移动剧烈，且呈现出偏态沉陷特征。对神东矿区近水平煤层高强度开采覆岩破坏特征和地表移动规律进行了分析，并对地表沉陷预测方法进行了研究。取得的主要成果如下：

① 近水平煤层高强度开采地表非连续发育充分，主要表现为塌陷坑、台阶型裂缝和次生裂缝等类型。其中台阶型裂缝位置具有滞后于工作面推进位置、周期性显现、裂缝间距与顶板周期来压步距相当等特点；次生裂缝具有宽度小、密度大等特征。地表移动变形参数具有边界角较小、主要影响角正切较大且下沉系数偏小等特征。

② 近水平煤层高强度开采地表移动剧烈，单一工作面开采即可引起大范围的Ⅳ级损坏。时间维度上，地表点受采动影响后很快进入活跃阶段，活跃阶段持续时间约占总移动持续时间的 1/2；空间维度上，以 18 mm/d 的下沉速度为临界点，将地表动态移动盆地分为剧烈移动区和缓慢移动区，剧烈移动区范围大，长度一般为采深的 1.1～1.5 倍，且工作面推进位置滞后于剧烈移动区前端约 1/5 长度。

③ 通过理论分析和相似模型试验验证，揭示了近水平煤层高强度开采条件下覆岩“错端叠梁”区和“破断岩块堆压”区的岩层移动特征。近水平煤层高强度开采条件下砂质松散层内不存在平衡拱结构，在采动过程中为跟随体，覆岩动态平衡结构发育过程为“岩拱-无拱”；而黏质松散层易产生平衡拱结构，采动前期为弯压体，后期则转变为跟随体，覆岩动态平衡发育过程为“岩拱-土拱-无拱”。近水平煤层高强度开采覆岩平衡结构最终都发育为“无拱”结构。

④ 从竖向和横向上分别对“错端叠梁”区和“破断岩块堆压”区的岩层覆岩破坏特征进行了分析。竖向上得出了岩层破断的尺寸变化关系——非充分采动时，岩层破坏高度随工作面推进距离呈指数式增长；采空区上方岩层破断的块度随其离采空区的垂直距离呈线性增加的关系；而同一岩层的破断岩块块度基本相等。横向上提出了覆岩破坏的分区模式——根据岩层的破坏程度，上覆基岩可分为未扰动区、“错端叠梁”区和“破断岩块堆压”区等采动影响区。“错端叠梁”区内存在“错端叠梁”结构，岩梁结构自上而下逐渐内错，且岩梁互相叠加在一起；“破断岩块堆压”区内破断岩块堆压在下方破断岩块上，岩块间没有水平拉力。

⑤ 结合相似模型试验结果，对地表塌陷型裂缝和漏斗状塌陷坑的形成机理进行了理论分析。近水平煤层高强度开采，煤层上方顶板以“台阶岩梁”的形式逐层向上发生“滑落失稳”式的错位破断。砂质松散层内部垂直节理发育，基岩全厚错位破断后，在基岩表面破断处上方地表附近发生台阶型裂缝。“错端叠梁”区和“破断岩块堆压”区之间存在较大的空隙，连通了物源（水砂混合物）和存储空间（采空区），导致溃砂事故的发生和地表漏斗状塌陷坑的伴随产生。

⑥ 采用理论分析，对近水平煤层高强度开采条件下地表沉陷的空间、时间和形态三个方面进行了偏态性分析研究。在工作面推进过程中，采空区侧地表下沉速度沿 X 轴的变化率大于煤柱侧的。也就是说，采空区侧的下沉速度曲线较陡，煤柱侧的下沉速度曲线较缓，两侧并非在拐点处呈反对称分布。岩梁在采空区侧和煤柱侧具有不同的支承反力。这种不同导致了地表下沉速度曲线的非对称分布特征，进而导致地表偏态移动盆地的形成。地表点的整个移动过程可划分为初始、加速、减速和结束四个沉降阶段。初始和加速沉降阶段的总时间少于减速和结束阶段的总时间。初始和加速沉降阶段的下沉曲线和下沉速度曲线较陡，减速和结束沉降阶段的下沉曲线和下沉速度曲线较缓。通过理论分析，得到基岩内位移边界为上凹形，而松散层内位移边界为上凸形。岩土体内覆岩位移边界总形态为“碗”形。

⑦ 根据近水平煤层高强度开采条件下覆岩和地表的时空域偏态沉陷特征，选用符合偏态特征的对数正态函数分别建立了对应的时空域偏态沉陷预测模型。

⑧ 采用实测数据进行了预测模型的应用研究，验证了预测模型的可行性。

参 考 文 献

[1] 谢克昌. 面向2035年我国能源发展的思考与建议[J]. 中国工程科学,2022,24(6):1-7.

[2] 彭苏萍,毕银丽. 黄河流域煤矿区生态环境修复关键技术与战略思考[J]. 煤炭学报,2020,45(4):1211-1221.

[3] 陕西省统计局,国家统计局陕西调查总队. 陕西统计年鉴-2022[M]. 北京:中国统计出版社,2022.

[4] 邹友峰,邓喀中,马伟民. 矿山开采沉陷工程[M]. 徐州:中国矿业大学出版社,2003.

[5] 何国清,杨伦,凌赓娣,等. 矿山开采沉陷学[M]. 徐州:中国矿业大学出版社,1991.

[6] WANG Z G,BI Y L,JIANG B,et al. Arbuscular mycorrhizal fungi enhance soil carbon sequestration in the coalfields,northwest China[J]. Scientific Reports,2016,6:34336.

[7] SAHA S,PATTANAYAK S K,SILLS E O,et al. Under-mining health:environmental justice and mining in India[J]. Health & Place,2011,17(1):140-148.

[8] SINHA S,BHATTACHARYA R N,BANERJEE R. Surface iron ore mining in eastern India and local level sustainability[J]. Resources Policy,2007,32(1/2):57-68.

[9] FAN H D. A new model for three-dimensional deformation extraction with single-track InSAR based on mining subsidence characteristics[J]. International Journal of Applied Earth Observation and Geoinformation,2021,94:102223.

[10] JOHN R,Owen,. Mining-induced displacement and resettlement:a critical appraisal[J]. Journal of Cleaner Production,2015,87:478-488.

[11] MISHRA P P,PUJARI A K. Impact of mining on agricultural productivity[J]. South Asia Economic Journal,2008,9(2):337-350.

[12] BHATTACHARYA J. Sustainable development of natural resources:implications for mining of minerals[J]. Mineral Resources Engineering,2000,9(4):451-464.

[13] MODESTE G,DOUBRE C,MASSON F. Time evolution of mining-related residual subsidence monitored over a 24-year period using InSAR in southern Alsace,France[J]. International Journal of Applied Earth Observation and Geoinformation,2021,102:102392.

[14] 郭文兵. 煤矿开采损害与保护[M]. 3版. 北京:应急管理出版社,2019.

[15] PENG S S. Coal mine ground control[M]. New York:Wiley,1978.

[16] 陈俊杰,刘胜威,闫伟涛. 水平煤层开采地表下沉速度偏态预测模型的构建[J]. 河南理工大学学报(自然科学版),2023,42(1):71-75.

[17] 闫伟涛,陈俊杰,柴华彬,等. 矿区高强度开采地表损坏动态预测模型[J]. 农业工程学报,2019,35(19):267-273.

[18] 闫伟涛.浅埋厚煤层开采“错端叠梁”岩层移动模型研究[D].北京:中国矿业大学(北京),2018.

[19] YAN W T, CHEN J J, YAN Y G. A new model for predicting surface mining subsidence: the improved lognormal function model[J]. Geosciences Journal,2019,23(1):165-174.

[20] 刘宝琛,戴华阳.概率积分法的由来与研究进展[J].煤矿开采,2016,21(2):1-3.

[21] 杨伦,戴华阳.关于我国采煤沉陷计算方法的思考[J].煤矿开采,2016,21(2):7-9.

[22] 张华兴.对“三下”采煤技术未来的思考[J].煤矿开采,2011,16(1):1-3.

[23] 王清秋.铁路下伏煤层群采空区岩体工程地质特性及稳定评价研究[D].成都:成都理工大学,2021.

[24] 邓伟男.采煤沉陷影响下高速公路内部应力分布研究[J].煤矿开采,2018,23(5):64-67.

[25] 朱伟,滕永海.堰塞湖下特厚煤层综放开采安全性及采动影响研究[J].采矿与岩层控制工程学报,2021,3(1):39-46.

[26] 中国统配煤矿总公司生产局.煤矿测量手册:下册[M].2 版.北京:煤炭工业出版社,1990.

[27] 国家安全监管总局，国家煤矿安监局，国家能源局，国家铁路局. 建筑物、水体、铁路及主要井巷煤柱留设与压煤开采规范[M].北京:煤炭工业出版社，2017.

[27] 国家安全监管总局,国家煤矿安监局,国家能源局,等.建筑物、水体、铁路及主要井巷煤柱留设与压煤开采规范[M].北京:煤炭工业出版社,2017.

[28] 黄乐亭.开采沉陷力学的研究与发展[J].煤炭科学技术,2003,31(2):54-56.

[29] 袁鑫,王远坚,郑健,等.基于弹性薄板理论的地表下沉预计模型[J].金属矿山,2019(10):37-41.

[30] 刘玉成,戴华阳.基于板弯曲变形的山区煤层开采地表下沉模型[J].力学与实践,2019,41(5):559-564.

[31] 张庆松,高延法,孙宗军,等.开采沉陷数值计算的空间效应和层面效应分析[J].岩土力学,2004,25(6):940-942.

[32] SEPEHRI M, DEREK B A, ROBERT A H. Prediction of mining-induced surface subsidence and ground movements at a Canadian diamond mine using an elastoplastic finite element model[J]. International Journal of Rock Mechanics and Mining Sciences,2017,100:73-82.

[33] LI W X, Gao C Y, Yin X, et al. A visco-elastic theoretical model for analysis of dynamic ground subsidence due to deep underground mining[J]. Applied Mathematical Modelling,2015,39(18):5495-5506.

[34] 刘宝琛.矿山岩体力学概论[M].长沙:湖南科学技术出版社,1982.

[35] 王军保,刘新荣,刘小军.开采沉陷动态预测模型[J].煤炭学报,2015,40(3):516-521.

[36] 吴立新,王金庄,孟顺利.煤岩流变模型与地表二次沉陷研究[J].地质力学学报,1997,3(3):29-35.

[37] 邓喀中,马伟民.开采沉陷中的岩体节理效应[J].岩石力学与工程学报,1996,15(4):

345-352.

[38] 于广明.分形及损伤力学在矿山开采沉陷中的应用研究[J].岩石力学与工程学报,1999,18(2):241-243.

[39] DAS R, SINGH P K, KAINTHOLA A, et al. Numerical analysis of surface subsidence in asymmetric parallel highway tunnels[J]. Journal of Rock Mechanics and Geotechnical Engineering,2017,9(1):170-179.

[40] 张彩凤.条带开采中采厚对地表沉陷影响的数值模拟研究[J].安徽职业技术学院学报,2022,21(2):21-26.

[41] 罗锦,郭庆彪,陈红凯,等.逆断层下盘开采地表沉陷异常响应实验模拟研究[J].地球物理学进展,2022,37(3):1280-1291.

[42] 陈育民,徐鼎平. FLAC/FLAC3D 基础与工程实例[M].北京:中国水利水电出版社,2009.

[43] 瞿群迪,姚强岭,李学华,等.充填开采控制地表沉陷的关键因素分析[J].采矿与安全工程学报,2010,27(4):458-462.

[44] JU J F,XU J L. Surface stepped subsidence related to top-coal caving longwall mining of extremely thick coal seam under shallow cover[J]. International Journal of Rock Mechanics and Mining Sciences,2015,78:27-35.

[45] GHABRAIE B,REN G,ZHANG X Y,et al. Physical modelling of subsidence from sequential extraction of partially overlapping longwall panels and study of substrata movement characteristics[J]. International Journal of Coal Geology,2015,140:71-83.

[46] GHABRAIE B,REN G,SMITH J,et al. Application of 3D laser scanner,optical transducers and digital image processing techniques in physical modelling of mining-related strata movement[J]. International Journal of Rock Mechanics and Mining Sciences,2015,80:219-230.

[47] 苏仲杰,李悦,刘书贤.急倾斜多厚煤层开采地表移动和变形规律相似模拟[J].辽宁工程技术大学学报(自然科学版),2015,34(1):10-14.

[48] 李太启.冲洗液法+钻孔电视在采空区探测中的应用[J].金属矿山,2015(6):144-148.

[49] 李树志,李学良.钻孔电视探测技术在采空区注浆效果检测中的应用[J].煤矿安全,2013,44(3):147-149.

[50] 刘义新,廉玉广,李少刚.采动影响下厚黄土层沉陷规律研究[J].金属矿山,2015(4):12-14.

[51] 聂俊丽.基于地质雷达技术的采煤对浅部地层含水量影响规律研究[D].北京:中国矿业大学(北京),2014.

[52] 彭永良.铁路路基下伏多层大型采空区治理关键技术研究[D].成都:西南交通大学,2013.

[53] 陈卫营,薛国强.瞬变电磁法多装置探测技术在煤矿采空区调查中的应用[J].地球物理学进展,2013,28(5):2709-2717.

[54] 王善勋,杨文锋,张卫敏,等.瞬变电磁法在煤矿采空区探测中的应用研究[J].工程地

球物理学报,2012,9(4):400-405.

[55] ANDERS K,MARX S,BOIKE J,et al. Multitemporal terrestrial laser scanning point clouds for thaw subsidence observation at Arctic permafrost monitoring sites[J]. Earth Surface Processes and Landforms,2020,45(7):1589-1600.

[56] 郭文兵,赵高博,马志宝,等. 高耸构筑物采动损害与保护技术研究现状与展望[J]. 煤炭科学技术,2023,51(1):403-415.

[57] 李永强,刘会云,毛杰,等. 三维激光扫描技术在煤矿沉陷区监测应用[J]. 测绘工程,2015,24(7):43-47.

[58] 李强,邓辉,周毅. 三维激光扫描在矿区地面沉陷变形监测中的应用[J]. 中国地质灾害与防治学报,2014,25(1):119-124.

[59] 王腾,查剑锋,张民,等. 基于三维激光扫描的矿区道路沉陷监测研究[J]. 煤炭工程,2021,53(3):161-165.

[60] YANG Z F,LI Z W,ZHU J J,et al. Locating and defining underground goaf caused by coal mining from space-borne SAR interferometry[J]. ISPRS Journal of Photogrammetry and Remote Sensing,2018,135:112-126.

[61] Ge L L,Ng A H M,Li X J,et al. Land subsidence characteristics of bandung basin as revealed by envisat asar and alos palsar interferometry[J]. Remote Sensing of Environment,2014,154:46-60.

[62] 石晓宇,魏祥平,杨可明,等. 联合 DInSAR 的 3 种下沉时序模型关键点缺失问题研究[J]. 煤炭科学技术,2022,50(4):236-245.

[63] 徐小波,马超,单新建,等. 联合 DInSAR 与 Offset-tracking 技术监测高强度采区开采沉陷的方法[J]. 地球信息科学学报,2020,22(12):2425-2435.

[64] 王剑,董祥林,杨可明,等. 基于 TSS-DInSAR 方法的注浆采区地表动态沉降分析[J]. 中南大学学报(自然科学版),2020,51(7):1924-1935.

[65] 阎跃观,戴华阳,ALEX Hay-Man Ng. DInSAR 动态下沉监测特征点错失问题研究[J]. 煤炭学报,2012,37(12):2038-2042.

[66] CHAUSSARD E,WDOWINSKI S,CABRAL-CANO E,et al. Land subsidence in central Mexico detected by ALOS InSAR time-series[J]. Remote Sensing of Environment,2014,140:94-106.

[67] HU B,WANG H S,JIANG L M. Monitoring of reclamation-induced ground subsidence in Macao (China) using PSInSAR technique[J]. Journal of Central South University,2013,20(4):1039-1046.

[68] PUNIACH E,GRUSZCZY W,KALA P C,et al. Application of UAV-based orthomosaics for determination of horizontal displacement caused by underground mining[J]. ISPRS Journal of Photogrammetry and Remote Sensing,2021,174:282-303.

[69] 高银贵,周大伟,安士凯,等. 煤矿开采地表沉陷 UAV-摄影测量监测技术研究[J]. 煤炭科学技术,2022,50(5):57-65.

[70] 杨云涛,丁翠,张建,等. 面向地表沉陷监测的数字近景摄影测量精度研究[J]. 矿山测

量,2016,44(6):48-50.

[71] ZHANG D B,ZHANG Y,CHENG T. Measurement of displacement for open pit to underground mining transition using digital photogrammetry [J]. Measurement, 2017,109:187-199.

[72] 闫伟涛,张朝辉,陈震,等. 山区地下深部临近采煤工作面地表沉陷规律研究[J]. 河南理工大学学报(自然科学版),2022,41(4):44-50.

[73] 康建荣. 山区采动裂缝对地表移动变形的影响分析[J]. 岩石力学与工程学报,2008,27(1):59-64.

[74] 王磊,郭广礼,王明柱,等. 山区地表移动预计修正模型及其参数求取方法[J]. 煤炭学报,2014,39(6):1070-1076.

[75] 何万龙,康建荣. 山区地表移动与变形规律的研究[J]. 煤炭学报,1992,17(4):1-15.

[76] 戴华阳,郭俊廷,易四海,等. 特厚急倾斜煤层水平分层开采岩层及地表移动机理[J]. 煤炭学报,2013,38(7):1109-1115.

[77] 来兴平,孙欢,单鹏飞,等. 急斜特厚煤层水平分段综放开采覆层类椭球体结构分析[J]. 采矿与安全工程学报,2014,31(5):716-720.

[78] 王汉斌. 急倾斜多煤层开采诱发覆岩及地表移动规律研究[D]. 北京:中国地质大学(北京),2020.

[79] 张海洋,李小萌,孙利辉. 大倾角煤层开采地表沉陷规律研究[J]. 煤炭工程,2022,54(6):108-112.

[80] 石国牟,张丽佳,胡振琪,等. 陕北黄土沟壑地貌地表移动变形特征研究[J/OL]. 煤炭科学技术,2021:1-11. (2021-09-22). https://kns. cnki. net/kcms/detail/11. 2402. TD. 20210919. 1540. 002. html.

[81] 汤伏全,夏玉成,姚顽强. 黄土覆盖矿区开采沉陷及其地面保护[M]. 北京:科学出版社,2011.

[82] 余学义,李邦帮,李瑞斌,等. 西部巨厚湿陷性黄土层开采损害程度分析[J]. 中国矿业大学学报,2008,37(1):43-47.

[83] 郭文兵,黄成飞,陈俊杰. 厚湿陷黄土层下综放开采动态地表移动特征[J]. 煤炭学报,2010,35(S1):38-43.

[84] 滕永海. 综放开采导水裂缝带的发育特征与最大高度计算[J]. 煤炭科学技术,2011,39(4):118-120.

[85] 张海君,吴奕枢,王飞,等. 准格尔煤田龙王沟煤矿特厚煤层综放开采地表沉陷规律[J]. 西安科技大学学报,2022,42(5):874-883.

[86] 胡炳南. 我国煤矿充填开采技术及其发展趋势[J]. 煤炭科学技术,2012,40(11):1-5.

[87] 郭亚奔,张晓,史久林,等. 煤柱-充填体联合控制地表变形规律研究[J]. 中国矿业,2022,31(12):138-145.

[88] 张吉雄,张强,周楠,等. 煤基固废充填开采技术研究进展与展望[J]. 煤炭学报,2022,47(12):4167-4181.

[89] 郭广礼,李怀展,查剑锋,等. 平原煤粮主产复合区煤矿开采和耕地保护协同发展研究现状及对策[J]. 煤炭科学技术,2023,51(1):416-426.

[90] 邓喀中,郑美楠,张宏贞,等.关闭矿井次生沉陷研究现状及展望[J].煤炭科学技术,2022,50(5):10-20.

[91] 胡炳南,郭文砚.我国采煤沉陷区建筑利用关键技术及展望[J].煤炭科学技术,2021,49(4):67-74.

[92] 谭毅,郭文兵,白二虎,等.条带式 Wongawilli 煤柱特征及作用机理分析[J].煤炭学报,2019,44(4):1003-1010.

[93] CAI Y F,VERDEL T,DECK O. On the topography influence on subsidence due to horizontal underground mining using the influence function method[J]. Computers and Geotechnics,2014,61:328-340.

[94] 田锦州,徐乃忠,李凤明.误差函数 erf(x)近似计算及其在开采沉陷预计中的应用[J].煤矿开采,2009,14(2):33-35.

[95] 闫伟涛,陈俊杰,阎跃观.倾斜煤层开采沉陷预计模型的构建[J].河南理工大学学报(自然科学版),2018,37(3):12-16.

[96] 王宁,吴侃,刘锦,等.基于 Boltzmann 函数的开采沉陷预测模型[J].煤炭学报,2013,38(8):1352-1356.

[97] 郭增长,谢和平,王金庄.极不充分开采地表移动和变形预计的概率密度函数法[J].煤炭学报,2004,29(2):155-158.

[98] 戴华阳,王金庄.急倾斜煤层开采沉陷[M].北京:中国科学技术出版社,2005.

[99] ÁLVAREZ-FERNáNDEZ M I,GONZáLEZ-NICIEZA C,MENéNDEZ-DíAZ A,et al. Generalization of the n-k influence function to predict mining subsidence[J]. Engineering Geology,2005,80(1/2):1-36.

[100] GONZáLEZ C,NICIEZA. The new three-dimensional subsidence influence function denoted by n-k-g[J]. International Journal of Rock Mechanics and Mining Sciences,2005,42(3):372-387.

[101] 张玉卓,仲惟林,姚建国.岩层移动的位错理论解及边界元法计算[J].煤炭学报,1987,12(2):21-31.

[102] 钱鸣高,缪协兴,许家林,等.岩层控制的关键层理论[M].徐州:中国矿业大学出版社,2000.

[103] 宋振骐.实用矿山压力控制[M].徐州:中国矿业大学出版社,1988.

[104] 吴立新,王金庄,刘延安,等.建(构)筑物下压煤条带开采理论与实践[M].徐州:中国矿业大学出版社,1994.

[105] 邹友峰.条带开采优化设计及其地表沉陷预计的三维层状介质理论[M].北京:科学出版社,2011.

[106] 王力,卫三平,王全九.榆神府煤田开采对地下水和植被的影响[J].煤炭学报,2008,33(12):1408-1414.

[107] 王锐,马守臣,张合兵,等.干旱区高强度开采地表裂缝对土壤微生物学特性和植物群落的影响[J].环境科学研究,2016,29(9):1249-1255.

[108] 陈俊杰,南华,闫伟涛,等.浅埋深高强度开采地表动态移动变形特征[J].煤炭科学技术,2016,44(3):158-162.

[109] 陈俊杰，朱刘娟，闫伟涛，等. 高强度开采地表裂缝分布特征及形成机理分析[J]. 中国安全生产科学技术，2015，11(8)：96-100.
[110] 刘辉，何春桂，邓喀中，等. 开采引起地表塌陷型裂缝的形成机理分析[J]. 采矿与安全工程学报，2013，30(3)：380-384.
[111] 杨登峰. 西部浅埋煤层高强度开采顶板切落机理研究[D]. 北京：中国矿业大学(北京)，2016.
[112] 伊茂森. 神东矿区浅埋煤层关键层理论及其应用研究[D]. 徐州：中国矿业大学，2008.
[113] 范钢伟，张东升，马立强. 神东矿区浅埋煤层开采覆岩移动与裂隙分布特征[J]. 中国矿业大学学报，2011，40(2)：196-201.
[114] PENG S S，李化敏，周英，等. 神东和准格尔矿区岩层控制研究[M]. 北京：科学出版社，2015.
[115] 戴华阳. 采动岩体平衡拱形结构分类方法：CN107100623B[P]. 2019-01-29.
[116] 李广信，张丙印，于玉贞. 土力学[M]. 2 版. 北京：清华大学出版社，2013.
[117] 陈希哲. 土力学地基基础[M]. 4 版. 北京：清华大学出版社，2004.